高 等 职 业 教 育
活页式新形态教材

江苏省职业教育专业教学资源库配套教材
江苏省"十四五"职业教育在线精品课程配套教材

分析检验仪器设备
维护与保养

黄一波 ◎主　编

刘婷瑜　俞建君　季军宏 ◎副主编

李新实 ◎主　审

化学工业出版社
·北京·

内容简介

本教材共有五个工作项目，包括常用分析检验仪器中酸度计、紫外-可见分光光度计、原子吸收光谱仪、气相色谱仪、高效液相色谱仪的一般校准与性能指标检测、日常维护保养和简单故障排查分析。

本教材的内容选取具有较强的普适性和操作性，便于学习者实践，同时吸纳新技术、新标准、新规范，参考新的科学仪器技术，以保证内容的先进性。

教材编写团队研究并确定了【项目引入】→【学习指南】→【学习目标】→【相关知识准备】→【项目实施】→【思政微课堂】→【项目评价】→【总结创新】的编写结构及体例。基于分析检验员职业岗位的行动导向，结合企业岗位的真实项目，融入学习者循序渐进的学习规律，契合学习者自主学习的思维逻辑。

本教材的主要读者对象为高职高专分析检验技术专业的学生，也可作为新能源、新材料、新医药、石油化工等生产制造企业中从事分析检测的工作人员，以及检验检测机构中的分析检测人员和相关专业的教师和学生。

图书在版编目（CIP）数据

分析检验仪器设备维护与保养 / 黄一波主编 . —北京：化学工业出版社，2023.11
ISBN 978-7-122-44208-6

Ⅰ.①分… Ⅱ.①黄… Ⅲ.①分析仪器–维修②分析仪器–保养 Ⅳ.①TH830.7

中国国家版本馆CIP数据核字（2023）第177236号

责任编辑：蔡洪伟
文字编辑：邢苗苗
责任校对：王　静
装帧设计：王晓宇

出版发行：化学工业出版社
　　　　　（北京市东城区青年湖南街 13 号　邮政编码 100011）
印　　装：中煤（北京）印务有限公司
787mm×1092mm　1/16　印张 11¼　字数 258 千字
2024 年 3 月北京第 1 版第 1 次印刷

购书咨询：010-64518888
售后服务：010-64518899
网　　址：http://www.cip.com.cn
凡购买本书，如有缺损质量问题，本社销售中心负责调换。

定　　价：42.00元　　　　　　　　版权所有　违者必究

《国家职业教育改革实施方案》(职教 20 条) 中指出,围绕"教师、教材、教法"推进教育教学改革,建设一大批校企"双元"合作开发的国家规划教材,倡导使用新型活页式、工作手册式教材并配套开发信息化资源。基于"三教"改革推进新形态教材建设,成为提高技术技能人才培养质量的重要抓手。

为顺应高职分析检验技术专业职业教育改革的要求,落实"教育部关于印发《中小学教材管理办法》《职业院校教材管理办法》和《普通高等学校教材管理办法》的通知(教材〔2019〕3 号)"文件精神,开发本教材。

本教材基于化工、材料和生物医药等制造类企业的 QC 和 QA 岗位,以及第三方检测机构分析测试岗位的相关要求,理解国家相关仪器的检定规程和技术规范,熟知分析仪器基本结构及组成部件,能开展分析仪器的一般安装调试,能参照检定规程和技术规范校准仪器常用的性能指标,科学维护和管理相关分析仪器,综合运用一般故障分析与排除技术。

编写本教材的目的在于为企事业单位分析仪器的操作人员及分析检验技术专业的在校师生提供一本实用的分析仪器维护保养指导的书籍。本教材在编写过程中,力求体现以下特色:

(1) 编写思路上,契合"行动导向"的课程教学理念,以完成工作任务为核心,从仪器的选购与选择、仪器的安装与检定、简单故障的分析与排除、日常维护与保养以及理论提升等方面展开。

(2) 仪器选择上,突出通用性、层次性和典型性,选择了企事业单位广泛使用的酸度计、紫外 - 可见分光光度计、原子吸收光谱仪、气相色谱仪和高效液相色谱仪。

(3) 内容组织上,积极探索活页式教材的特色,每个项目包括项目引入、学习指南、学习目标、相关知识准备(含仪器的工作原理、主要结构、检定规程、维护保养要求)、项目实施(实训方案准备、仪器校准、维护与保养)、思政微课堂、项目评价

（报告及实训结果、项目评分表）、总结创新（项目巩固、知识拓展）。

（4）教材形式上，积极探索数字化资源的引入，通过二维码链接的形式介绍了国家检定规程和相关技术规范，并融入了部分微课和操作视频。融入课程思政的要求，实现润物细无声的教学效果，实现本课程建设愿景"为美丽生活保驾护航"，并实现江苏省课程思政项目立项建设的成效。

本教材编写过程中，黄一波负责项目一和项目三，刘婷瑜负责项目二和项目四、俞建君负责项目五，季军宏负责各个项目拓展知识，全书由黄一波负责统稿。本教材由中国检验检疫科学研究院二级研究员李新实主审，并提出许多宝贵意见和建议。特别感谢 EWG1990 仪器学习网蒋超总经理、常州市食品药品质量监督管理局丁建主任和 SGS 通标标准技术服务有限公司技术总监刘付芳女士，对定稿过程中提出的宝贵意见。也感谢仪器信息网、上海仪电科学仪器股份有限公司、安捷伦科技有限公司、岛津仪器（苏州）有限公司、北京普析通用仪器有限公司、上海天美科学仪器有限公司和浙江福立分析仪器股份有限公司等单位，为教材的编写提供合理建议和部分素材。

最后，由于编者水平有限，教材中的缺点和不足之处在所难免，恳请广大读者批评指正。

编者

2023 年 11 月

目录
CONTENTS

项目二 紫外-可见分光光度计的校准、维护与保养 /029

项目一 酸度计的校准、维护与保养

项目引入

　　电化学分析是利用物质的电学及电化学性质进行分析的一类分析方法，是仪器分析的一个重要分支。电化学分析法的共同特点是在进行测定时，使试样溶液先构成一个电化学电池，然后测量电池的电位（电动势）、电流、电阻（或电导）和电量等，或根据参数的变化进行定量和定性分析。电化学分析法主要分为电位分析法、库仑分析法、伏安（极谱）分析法和电导分析法等。电位分析法是电化学分析法的一个重要组成部分。

　　酸度计是电位分析法的最常见分析仪器。酸度计（pH meter）亦称 pH 计，是通过测量原电池的电动势，确定被测溶液中氢离子浓度的仪器。它具有结构简单、测量范围宽、速度快、适应性广、易于实现自动分析等特点。根据测量要求不同，酸度计分为普通型、精密型和工业型三类，精度最低为 0.1，最高为 0.001。

　　常用酸度计均兼有毫伏值测量功能，可结合离子选择性电极进行测定。为此，在酸度计的基础上研制出各种离子计，可应用于测定相关样品中阴、阳离子含量。酸度计广泛应用于化工、医药、食品和环保等领域。该仪器也是一些食品企业申请危害分析与关键控制点（HACCP）认证中的必备检验设备。定期完成酸度计的校准，做好相应维护与保养，是酸度计保持良好工作性能的重要保障。

学习指南

　　参考实际化学检验员岗位需求，能根据酸度计的主要技术参数指标，如示值误差、重复性、稳定性等，评价仪器性能。并能根据实验室的实际需求，选购合适的仪器。对于新采购的仪器，能独立安装调试仪器，分析排除简单故障。依据相关检定规程进行校验，并做好仪器的日常维护和保养工作。

学习目标

知识目标	技能目标	素质目标
1. 理解 pHSJ-3F 酸度计结构及工作原理。 2. 辨别计量检定、校准和校验的差异。 3. 熟悉酸度计检定规程 JJG 919—2023。 4. 知道国内外酸度计品牌及相关技术参数	1. 能熟练准确使用 pHSJ-3F 酸度计。 2. 能完成酸度计的校准、维护保养和故障分析。 3. 能根据实际要求，选择计量检定、校准和校验。 4. 能快速识别各主流品牌酸度计，比较相应技术特点	1. 结合民族品牌上海"雷磁"的发展史，激发学生爱国情怀，坚定学生民族自豪感，并激发社会责任感。 2. 培养学生的环保、安全，健康和质量意识。 3. 培养学生严谨细致、一丝不苟的工作态度。 4. 培养学生精益求精、追求卓越的工匠精神

1.1 相关知识准备

1.1.1 酸度计的基本工作原理与主要结构

"酸度计"（又称 pH 计）是采用氢离子选择性电极测量液体 pH 值的分析仪器。酸度计的基本原理是通过测量原电池的电动势，建立与待测溶液氢离子活度的相互关系。一般，将一只连有内参比电极的可逆氢离子指示电极和一只外参比电极同时浸入某一待测溶液中而形成原电池，在一定温度下产生内外参比电极之间的电池电动势。而电动势数值与溶液中氢离子活度有关。通过测量该电动势的数值，转化为待测溶液的 pH 值而显示出来。

实验室用酸度计型号很多，但其结构一般由两部分组成，包括电极系统和高阻抗毫伏计。电极与待测溶液组成原电池，以高阻抗毫伏计测量电极间电位差，电位差经放大电路放大后，由电流表或数码管显示。目前应用较广的是数显式 **pHS-3** 系列精密酸度计。

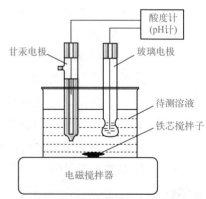

图1-1 电位法测定溶液pH值

1.1.1.1 酸度计直接电位法测定pH的原理

pH 值是氢离子活度的负对数。测定溶液的 pH 值通常用 pH 玻璃电极作指示电极（负极），甘汞电极作参比电极（正极），与待测溶液组成工作电池，用精密毫伏计测量电池的电动势（如图 1-1）。工作电池可表示为：

玻璃电极 | 试液 ‖ 甘汞电极

25℃时工作电池的电动势为：$E = \varphi_{SCE} - \varphi_{玻} = \varphi_{SCE} - K_{玻} + 0.0592pH_{试}$

由于式中 φ_{SCE}、$K_{玻}$ 在一定条件下是常数，所以上式可表示为

$$E = K' + 0.0592pH_{试} \tag{1-1}$$

可见，测定溶液 pH 值的工作电池的电动势 E 与试液的 pH 值呈线性关系，据此可

以进行溶液 pH 值的测量。

式（1-1）说明，只要测出工作电池电动势，并求出 K' 值，就可以计算试液的 pH 值。但 K' 是个十分复杂的项目，它包括了饱和甘汞电极的电位，内参比电极电位，玻璃膜的不对称电位及参比电极与溶液间的接界电位，其中有些电位很难测出。因此实际工作中不可能采用式（1-1）直接计算 pH 值，而是用已知 pH 值的标准缓冲溶液为基准，通过比较由标准缓冲溶液参与组成和待测溶液参与组成的两个工作电池的电动势来确定待测溶液的 pH 值。即测定一标准缓冲溶液（pH_s）的电动势 E_s，然后测定试液（pH_x）的电动势 E_x。

25℃时，E_s 和 E_x 分别为

$$E_s = K'_s + 0.0592pH_s$$

$$E_x = K'_x + 0.0592pH_x$$

在同一测量条件下，采用同一支 pH 玻璃电极和饱和甘汞电极（SCE），则上二式中 $K'_s \approx K'_x$，将二式相减得：

$$pH_x = pH_s + \frac{E_x - E_s}{0.0592} \tag{1-2}$$

式（1-2）中 pH_s 为已知值，测量出 E_x、E_s 即可求出 pH_x。通常将式（1-2）称为 pH 实用定义或 pH 标度。实际测定中，将 pH 玻璃电极和 SCE 插入 pH_s 标准溶液中，通过调节测量仪器上的"定位"旋钮使仪器显示出测量温度下的 pH_s 值，就可以达到消除 K 值、校正仪器的目的，然后再将电极对浸入试液中，直接读取溶液 pH。

由式（1-2）可知，E_x 和 E_s 的差值与 pH_x 和 pH_s 的差值呈线性关系，直线斜率（$s = \frac{2.303RT}{F}$）是温度函数，在 25℃时直线斜率为 0.0592。为保证在不同温度下测量精度符合要求，在测量中要进行温度补偿和斜率补偿。温度补偿和斜率补偿都是为了校正电极斜率的变化，但温度补偿是补偿因溶液温度变化引起电极斜率的变化，而斜率补偿是补偿电极本身斜率与理论值的差异。现在生产的酸度计和离子计基本上都设有这些功能，有的仪器将二者合并称为"斜率"旋钮。

由于式（1-2）是在假定 $K'_s = K'_x$ 情况下得出的，而实际测量过程中往往因为某些因素的改变（如试液与标准缓冲液的 pH 或成分的变化，温度的变化等），导致 K' 值发生变化。为了减少测量误差，测量过程应尽可能使溶液的温度保持恒定，并且应选用 pH 值与待测溶液相近的标准缓冲溶液。

1.1.1.2　酸度计的结构

酸度计实际上是一个高阻抗毫伏计，它主要由电极和电计两部分组成。

（1）电极　电极由指示电极和参比电极所组成。

① 指示电极。指示电极利用电极电位随被测溶液中氢离子活（浓）度变化而变化，而指示被测溶液中氢离子活（浓）度。测定 pH 的指示电极有玻璃电极和锑电极，其中玻璃电极的使用最为广泛。玻璃电极的主要部分是一个小玻璃球泡，玻璃球泡内装有一定的 pH 缓冲溶液，其中插入了一支银 - 氯化银电极作为内参比电极。玻璃膜的成分大约为 22%Na_2O、6%CaO、72%SiO_2，膜厚度大约为 0.1 mm。玻璃电极的电极电位主要

决定于被测溶液的氢离子的浓度，与被测溶液的 pH 相关。

② 参比电极。参比电极是用于测量指示电极电位的电极。对参比电极的要求是电位已知、恒定、重现性好、温度系数小，有电流通过时极化电位及机械扰动的影响小。

常用的参比电极为甘汞电极，其中饱和甘汞电极易于制备和维护，是最常用的一种参比电极。在精密的测量工作中，则最好采用 0.1mol/L 或 1mol/L KCl 甘汞电极，因为它们的温度系数较小，达到平衡电位较快。

甘汞电极有两个玻璃管，内套管封接一根铂丝，铂丝插入厚度 5~10mm 纯汞中，纯汞下装有一层汞及氯化亚汞糊状物构成的内部电极；外套管装入氯化钾溶液，电极下端与被测溶液接触处是熔接陶瓷芯或玻璃砂芯等多孔材料。

③ pH 测定常用电极：pH 复合电极。将 pH 玻璃电极和参比电极组合在一起的电极就称为 pH 复合电极，外壳为塑料的就称为塑壳 pH 复合电极，外壳为玻璃的就称为玻璃 pH 复合电极。复合电极的最大优点是合二为一，使用方便。pH 复合电极的结构主要由玻璃薄膜球泡、玻璃支持管、内参比电极、内参比溶液、外壳、外参比电极、外参比溶液、液接界、电极帽、电极导线、插口等组成。如图 1-2 所示。

电极薄膜球泡：由具有氢功能的锂玻璃熔融吹制而成，呈球形，膜厚在 0.1~0.2mm，电阻值 <250MΩ（25℃）。

玻璃支持管：支持电极薄膜球泡的玻璃管体，由电绝缘性优良的铅玻璃制成，其膨胀系数应与电极玻璃薄膜球泡一致。

内参比电极：一般为银 - 氯化银电极，主要作用是提供一个稳定的参比电势，要求其电极电势稳定，温度系数小。

内参比溶液：一般为 pH 值恒定的缓冲溶液或浓度较大的强酸溶液，如 0.1mol/L 溶液。

电极塑壳：电极塑壳是支持玻璃电极和液接界，盛放外参比溶液的壳体，由聚苯硫醚（PPS）塑压成型。

外参比电极：为银 - 氯化银电极，作用是提供与保持一个固定的参比电势，要求电位稳定，重现性好，温度系数小。

外参比溶液：常为饱和氯化钾溶液或氯化钾凝胶电解质，不易流失。

砂芯液接界：外参比溶液和被测溶液的连接部件，要求渗透量大且稳定，通常由砂芯材料构成。

电极导线：低噪声金属屏蔽线，内芯与内参比电极连接，屏蔽层与外参比电极连接。

（2）电计　电计部分主要为直流放大器和显示器。高输入阻抗直流电压放大器是各种类型电位分析仪器的核心部件，决定了电位分析仪器的性能优劣。一般而言，核心技术指标包括输入阻抗、输入电流和零点漂移。

而电位分析仪器几乎全部采用数字电压表作为显示器。它具有较宽的测量范围，能自动转换极性，具有较高的测量精度，屏幕读数直观清晰。

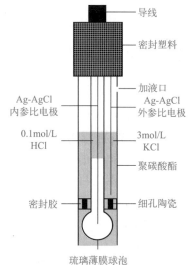

图1-2　pH复合电极基本结构示意图

1.1.2　标准缓冲溶液

标准缓冲溶液性质稳定，有一定的缓冲容量和抗稀释能力，常用于校正酸度计。标准缓冲溶液是具有准确 pH 值的缓冲溶液，是 pH 值测定的基准，故缓冲溶液的配制及 pH 值的确定是至关重要的。

我国国家标准物质研究中心通过长期工作，采用尽可能完善的方法，确定 30～95℃水溶液的 pH 值工作基准，它们分别由六类标准缓冲物质组成。这六类标准缓冲物质分别是：四草酸钾、酒石酸氢钾、邻苯二甲酸氢钾、磷酸氢二钠 - 磷酸二氢钾、四硼酸钠和氢氧化钙。这些标准缓冲物质按 GB/T 9724《化学试剂　pH 值测定通则》规定配制。配制出的标准缓冲溶液的 pH 值均匀地分布在 0～14 的 pH 范围内。标准缓冲溶液的 pH 值随温度变化而改变。表 1-1 列出了六类标准缓冲溶液 10～35℃时相应的 pH 值，以便使用时查阅。

表1-1　不同温度时各标准缓冲溶液的pH值

温度 /℃	草酸盐标准缓冲溶液	酒石酸盐标准缓冲溶液	邻苯二甲酸盐标准缓冲溶液	磷酸盐标准缓冲溶液	硼酸盐标准缓冲溶液	氢氧化钙标准缓冲溶液
0	1.67	—	4.00	6.98	9.46	13.42
5	1.67	—	4.00	6.95	9.40	13.21
10	1.67	—	4.00	6.92	9.33	13.00
15	1.67	—	4.00	6.90	9.27	12.81
20	1.68	—	4.00	6.88	9.22	12.63
25	1.68	3.56	4.01	6.86	9.18	12.45
30	1.69	3.55	4.01	6.85	9.14	12.30
35	1.69	3.55	4.02	6.84	9.10	12.14
40	1.69	3.55	4.04	6.84	9.06	11.98

注：表中数据引自国家标准 GB/T 9724—2007《化学试剂 pH 值测定通则》。

一般实验室常用的标准缓冲物质是邻苯二甲酸氢钾、混合磷酸盐（KH_2PO_4-Na_2HPO_4）及四硼酸钠。目前市场上销售的"成套 pH 缓冲剂"就是上述三种物质的小包装产品，使用很方便。配制时不需要干燥和称量，直接将袋内试剂全部溶解稀释至一定体积（一般为 250mL）即可使用。

配制标准缓冲溶液的实验用水应符合 GB/T 6682—2008 中三级水的规格。配好的标准缓冲溶液应贮存在玻璃试剂瓶或聚乙烯试剂瓶中，硼酸盐和氢氧化钙标准缓冲溶液存放时应防止空气中 CO_2 进入。标准缓冲溶液一般可保存 2～3 个月。若发现溶液中出现混浊等现象，不能再使用，应重新配制。

1.1.3　pHSJ-3F型酸度计及其使用

1.1.3.1　pHSJ-3F型酸度计介绍

实验室用酸度计型号很多，但其结构一般均由两部分组成，即电极系统和高阻抗毫伏计两部分。电极与待测溶液组成原电池，以毫伏计测量电极间电位差，电位差经放大电路放大后，由电流表或数码管显示。图 1-3 和图 1-4 为 pHSJ-3F 型酸度计外形图。

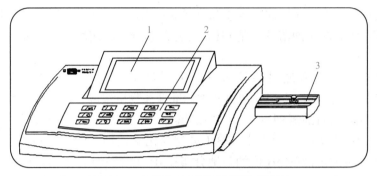

雷磁pHSJ-
3F型酸度计

图1-3 pHSJ-3F酸度计仪器正面图

1—显示屏；2—键盘；3—电极梗座

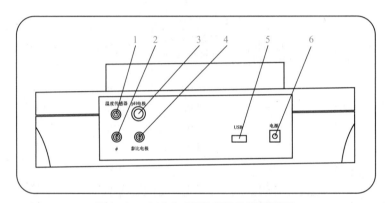

图1-4 pHSJ-3F酸度计仪器后面板

1—温度传感器插座；2—接地接线柱；
3—pH电极插座；4—参比电极接线柱；5—USB接口；6—电源插口

酸度计仪器型号繁多，不同型号的酸度计，其按键、开关的位置会有所不同，但基本构造和功能与上述介绍的 pHSJ-3F 型酸度计是一致的。

1.1.3.2 不同类型电极的使用

（1）饱和甘汞电极的使用 电位法测定溶液 pH 值的工作电池中，通常使用饱和甘汞电极作参比电极。在使用饱和甘汞电极时应注意如下几点。

① 使用前应先取下电极下端口和上侧加液口的小胶帽，不用时戴上。

甘汞电极的
组成与使用

② 电极内饱和 KCl 溶液的液位应保持足够的高度（以浸没内电极为止），不足时要补加。为了保证内参比溶液是饱和溶液，电极下端要保持有少量 KCl 晶体存在，否则必须由上加液口补加少量 KCl 晶体。

③ 使用前应检查玻璃弯管处是否有气泡，若有气泡应及时排除掉，否则将引起电路断路或仪器读数不稳定。

④ 使用前要检查电极下端陶瓷芯毛细管是否畅通。检查方法是：先将电极外部擦干，然后用滤纸紧贴瓷芯下端片刻，若滤纸上出现湿印，则证明毛细管未堵塞。

⑤ 安装电极时，电极应垂直置于溶液中，内参比溶液的液面应较待测溶液的液面高，以防止待测溶液向电极内渗透。

⑥ 饱和甘汞电极在温度改变时常显示出滞后效应（如温度改变8℃时，3h后电极电位仍偏离平衡电位0.2～0.3mV），因此不宜在温度变化太大的环境中使用。但若使用双盐桥型电极，加置盐桥可减小温度滞后效应所引起的电位漂移。饱和甘汞电极在80℃以上时电位值不稳定，此时应改用银-氯化银电极。当待测溶液中含有Ag^+、S^{2-}、Cl^-及高氯酸等物质时，应加置KNO_3盐桥。

（2）pH玻璃电极的使用　测定溶液pH的工作电池中，以pH玻璃电极作为指示电极。使用pH玻璃电极时要注意以下几个问题。

① 初次使用或久置重新使用时，应将电极玻璃薄膜球泡浸泡在蒸馏水或0.1mol/L HCl溶液中活化24h。

② 使用前要仔细检查所选电极的球泡是否有裂纹，内参比电极是否浸入内参比溶液中，内参比溶液内是否有气泡。有裂纹或内参比电极未浸入内参比溶液的电极不能使用。若内参比溶液内有气泡，应稍晃动以除去气泡。

③ 玻璃电极在长期使用或储存中会"老化"，老化的电极不能再使用。玻璃电极的使用期一般为一年。

④ 电极玻璃薄膜很薄，容易因为碰撞或受压而破裂，使用时必须特别注意。

⑤ 玻璃薄膜球泡沾湿时可以用滤纸吸去水分，但不能擦拭。玻璃薄膜球泡不能用浓H_2SO_4溶液、洗液或浓乙醇洗涤，也不能用于含氟较高的溶液中，否则电极将失去功能。

⑥ 电极导线绝缘部分及电极插杆应保持清洁干燥。

（3）复合电极的使用　测定溶液pH用的指示电极和参比电极分别是pH玻璃电极和饱和甘汞电极，目前实验室多是使用将pH玻璃电极和饱和甘汞电极组合在一起的pH复合电极。pH复合电极最大优点是使用方便，它不受氧化性或还原性物质的影响，且电极平衡速度较快。使用复合电极要注意以下几个问题。

pH复合电极

① 使用时电极下端的保护帽应取下，取下后应避免电极的敏感玻璃薄膜球泡与硬物接触，防止电极失效。使用后应将电极保护帽套上，帽内应放少量外参比补充液（3mol/L KCl），以保持电极玻璃薄膜球泡湿润。

② 使用前发现帽中补充液干枯，应在3mol/L KCl溶液中浸泡数小时，以保证电极性能。

③ 使用时电极上端小孔的橡皮塞必须拔出，以防止产生扩散电位，影响测定结果。溶液可以从小孔加入。电极不使用时，应将橡皮塞塞入，以防止补充液干枯。

④ 应避免将电极长期浸泡在蒸馏水、蛋白质溶液和酸性溶液中，避免与有机硅油接触。

⑤ 经长期使用后，如发现斜率有所降低，可将电极下端浸泡在氢氟酸溶液（质量分数为4%）中3～5s，用蒸馏水洗净，再在0.1mol/L HCl溶液中浸泡，使之活化。

⑥ 被测溶液中如含有易污染敏感球泡或堵塞液接界的物质而使电极钝化，会出现斜率降低，发生这种现象时应根据污染物的性质，选择适当的溶液清洗，使电极复新。如：污染物为无机金属氧化物，可用浓度低于1mol/L HCl溶液清洗；污染物为有机脂类物质，可用稀洗涤剂（弱碱性）清洗；污染物为树脂高分子物质，可用乙醇、丙酮或乙醚清洗；污染物为蛋白质、血细胞沉淀物，可用胃蛋白酶溶液（50g/L）与0.1mol/L HCl溶液混合后清洗；污染物为颜料类物质，可用稀漂白液或过氧化氢溶液清洗。

⑦ 电极不能用四氯化碳、三氯乙烯、四氢呋喃等能溶解聚碳酸酯的清洗液清洗，因为电极外壳是用聚碳酸酯制成的，其溶解后极易污染敏感球泡，从而使电极失效。同样也不能使用复合电极去测上述溶液。

1.1.4 检定、校准和校验的区别与选择

1.1.4.1 检定

ISO/IEC 17025《检测和校准实验室能力的通用要求》将"检定"定义为"通过校验提供证据来确认符合规定的要求"。

一般而言，为了与计量仪器的管理相衔接，检定的目的是校验计量仪器的示值与相对应的已知量值之间的偏差，使其始终小于有关计量仪器管理的标准、规程或规范中所规定的最大允许误差。根据检定的结果对计量仪器作出继续使用、进行调查、修理、降级使用或声明报废的决定。任何情况下，当检定完成时，应在计量仪器的专门记录上记载检定的情况。

而国际计量组织对"检定"给出的定义是："查明和确认计量器具是否符合法定要求的程序，它包括检查、加标记和（或）出具检定证书。"

通常而言，"检定"指由法制计量部门或法定授权组织按照检定规程，通过实验，提供证明来确定测量器具的示值误差满足规定要求的活动。

1.1.4.2 校准

ISO 10012-1《计量检测设备的质量保证要求》标准将"校准"定义为："在规定条件下，为确定计量仪器或测量系统的示值或实物量具或标准物质所代表的值与相对应的被测量的已知值之间关系的一组操作。"

校准结果可用以评定计量仪器、测量系统或实物量具的示值误差，或给任何标尺上的标记赋值。校准也可用以确定其他计量特性。可将校准结果记录在有时称为校准证书或校准报告的文件中。有时校准结果表示为修正值、校准因子或校准曲线。

通常而言，校准指在规定条件下，为确定计量仪器或测量系统的示值或实物量具或标准物质所代表的示值，分别采用精度较高的检定合格的标准设备和被计量设备，对相同被测量物进行测试，得到被计量设备相对标准设备的误差的操作，从而得到被计量设备的示值数据的修正值。

1.1.4.3 校验

仪器的校验是指将量测仪器或标准件加以测试与调整，以了解其准确度的行为。一般而言，校验指在没有相关检定规程或校准规范时，按照组织自行编制的方法实施量值传递溯源的一种方式。主要用于专用计量器具或准确度相对较低的计量器具及试验的硬件或软件。

1.1.4.4 检定、校准和校验三者的区别

根据以上定义，可以看出检定、校准和校验有本质区别。三者不能混淆，更不能等同。

检定是针对我国计量法明确规定的强制检定的测量装置。《中华人民共和国计量法实施细则（2022 年修订）》第十一条明确规定：使用实行强制检定的工作计量器具的单位和个人，应当向当地县（市）级人民政府计量行政部门指定的计量检定机构申请周期检定。当地不能检定的，向上一级人民政府计量行政部门指定的计量检定机构申请周期检定。

因此，检定的对象主要是三大类计量器具，按照计量法的要求进行强制性全面评定。这种全面评定属于量值统一的范畴，是自上而下的量值传递过程。检定应评定计量器具是否符合规定要求。此规定要求就是测量装置检定规程规定的误差范围。通过检定，评定测量装置的误差范围是否在规定的误差范围之内。检定的周期必须按相应的检定规程进行，组织不能自行确定。检定周期属于强制性约束的内容。检定的内容则是对测量装置的全面评定，要求更全面，除了包括校准的全部内容之外，还需要检定有关项目。

校准是针对我国非强制性检定的测量装置，强制性检定之外的测量装置，如在生产和服务提供过程中大量使用的计量器具，包括进货检验、过程检验和最终产品检验所使用的计量器具等对照计量标准，评定测量装置的示值误差，确保量值准确，属于自下而上量值溯源的一组操作。这种示值误差的评定应根据组织的校准规程作出相应规定，按校准周期进行，并做好校准记录及校准标识。校准除评定测量装置的示值误差和确定有关计量特性外，校准结果也可以表示为修正值或校准因子，具体指导测量过程的操作。

校准的周期由组织根据使用计量器具的需要自行确定。可以进行定期校准，也可以不定期校准，或在使用前校准。校准周期的确定原则应是在尽可能减少测量设备在使用中的风险的同时，维持最小的校准费用。可以根据计量器具使用的频次或风险程度确定校准的周期。校准的内容和项目，只是评定测量装置的示值误差，以确保量值准确。

校准的结论不具备法律效力，给出的《校准证书》只是标明量值误差，属于一种技术文件。检定的结论具有法律效力，可作为计量器具或测量装置检定的法定依据的《检定合格证书》，属于具有法律效力的技术文件。

而国内外对校验的用法，其含义基本相同，它与检定和校准均有一定联系又有明显区别。校验不具有法制性，与校准相同。但在技术操作内容上，又与检定有共性，一般可进行校准，也可以对其它有关性能进行规定的检验，并最终给出合格性的结论。

1.1.5 酸度计检定规程

JJG 119—2018《实验室 pH（酸度）计检定规程》对通用技术要求和计量性能要求的若干方面提出了检定要求，具体要求如表 1-2 所示。

JJG 119—2018实验室 pH（酸度）计检定规程

表1-2 酸度计检定要求

序号		检定项目	首次检定	后续检定	使用中检查
1	通用技术要求	法制计量管理标志和标识检查	+	+	+
2		外观及通电检查	+	+	+
3		电极检查	+	+	+

序号	检定项目		首次检定	后续检定	使用中检查
4		显示单元分辨力	+	+	+
5		电计 pH 挡示值误差	+	+	−
6		电计电压挡示值误差	+	+	−
7		输入电流	+	+	−
8		输入阻抗引起的示值误差	+	+	−
9	计量性能要求	近似等效输入阻抗	+	+	−
10		温度补偿引起的示值误差	+	+	−
11		温度探头测温误差	+	+	−
12		电计示值重复性	+	+	−
13		仪器示值误差	+	+	+
14		仪器示值重复性	+	+	+

注：1. 凡需检定的项目用"+"，不需检定的项目用"−"表示。
2. 酸度计随机附带温度探头，温度补偿功能同时具备手动温补和自动温补时，可只检定自动温度补偿功能。

《实验室 pH（酸度）计检定规程》仪器分为：0.2 级、0.1 级、0.02 级、0.01 级和 0.001 级，《在线 pH 计校准规范》仪器分为：0.1 级和 0.01 级。

表 1-3 比较了实验室酸度计和在线酸度计计量性能要求的差异。其中，电计 pH 示值误差项目中，0.1 级实验室酸度计要求不超过 0.05，0.1 级在线酸度计要求不超过 0.1。对于同样精度酸度计而言，实验室酸度计的示值误差要求高于在线酸度计。

表1-3　实验室酸度计与在线酸度计部分性能指标的比较

项目	实验室酸度计		在线酸度计	
	0.1 级	0.01 级	0.1 级	0.01 级
示值误差（pH）	≤ 0.05	≤ 0.02	≤ 0.1	≤ 0.03
示值重复性（pH）	≤ 0.1	—	≤ 0.05	—
示值稳定性（pH）	—	—	≤ 0.2	≤ 0.05

而仪器 pH 示值重复性项目中，0.1 级在线酸度计要求比 0.1 级实验室酸度计更高，数值更低。

相较于实验室酸度计，在线酸度计增加了仪器 pH 示值稳定性的校准要求，0.1 级在线酸度计要求示值稳定性误差不超过 0.2，0.01 级在线酸度计则要求不超过 0.05。

实际使用中，每台酸度计与 pH 电极不是一一对应。只有经过标定以后，才能确定 pH 测试的正确斜率。高精度酸度计的误差范围为 ±0.03pH，一般精度测量的误差范围为 ±0.1 pH。酸度计应及时标定，经一次校准后连续使用一周左右可达到正确的测量效果。

JJG 119—2018 中依据酸度计的计量性能将其分为 4 个级别。具体性能要求列于表 1-4 中。

表1-4　计量性能要求

计量性能		仪器级别			
		0.2 级	0.1 级	0.01 级	0.001 级
电计检定	显示单元分辨力（pH）	不低于 0.1	不低于 0.1	不低于 0.01	不低于 0.001
	电计 pH 挡示值误差（pH）	不超过 ±0.1	不超过 ±0.1	不超过 ±0.02	不超过 ±0.002
	电计电压挡示值误差	不超过 ±2%FS	不超过 ±1%FS	不超过 ±0.1%FS	不超过 ±0.03%FS
	输入电流 /A	不大于 $1×10^{-11}$	不大于 $1×10^{-11}$	不大于 $1×10^{-12}$	不大于 $1×10^{-12}$
	输入阻抗引起的示值误差（pH）	不大于 0.03	不大于 0.03	不大于 0.01	不大于 0.001
	近似等效输入阻抗 /Ω	不小于 $3×10^{11}$	不小于 $3×10^{11}$	不小于 $1×10^{12}$	不小于 $3×10^{12}$
	温度补偿引起的示值误差（pH）	不超过 ±0.1	不超过 ±0.05	不超过 ±0.01	不超过 ±0.001
	电计示值重复性（pH）	不大于 0.05	不大于 0.05	不大于 0.01	不大于 0.001
整机检定	温度探头测温误差 /℃	不超过 ±0.5	不超过 ±0.5	不超过 ±0.5	不超过 ±0.3
	仪器示值误差（pH）	不超过 ±0.2	不超过 ±0.1	不超过 ±0.03	不超过 ±0.011
	仪器示值重复性（pH）	不大于 0.1	不大于 0.05	不大于 0.01	不大于 0.005

注：FS 指代测量表的量程范围。

1.1.6　酸度计的维护保养要求

pH电极维护
与保养

正确地维护保养仪器，可以保证酸度计性能稳定、可靠。酸度计具有很高的输入阻抗，使用环境需要经常接触化学药品，所以需要合理维护。日常维护与保养主要包括环境要求以及电极保养。

1.1.6.1　酸度计环境要求

① 酸度计应放置在干燥、无震动、无酸碱腐蚀性气体、环境温度稳定（一般在5～45℃之间）的地方。

② 酸度计应有良好的接地，否则将会造成读数不稳定。若使用场所没有接地线，或接地不良，须另外补接地线。简易方法是：用一根导线将其一端与仪器面板上"+"极接线柱（即甘汞电极接线柱）或仪器外壳相连，另一端与自来水管连接。

③ 仪器使用时，各调节旋钮的旋动不可用力过猛，按键开关不要频繁按动，以防止发生机械故障或破损。温度补偿器不可旋过位，以免损坏电位器或使温度补偿不准确。

④ 仪器应在通电预热后进行测量。长时间不使用的仪器预热时间要长些；平时不用时，最好每隔1～2周通电一次，以防因潮湿而影响仪器的性能。

⑤ 仪器不能随便拆卸。

1.1.6.2　酸度计电极的保养

（1）正确浸泡 pH 电极

pH 电极使用前必须浸泡，因为 pH 球泡是一种特殊的玻璃膜，在玻璃膜表面有一很薄的水合凝胶层，它只有在充分湿润的条件下才能与溶液中的氢离子有良好的响应。同时，玻璃电极经过浸泡，可以使不对称电势大大下降并趋向稳定。pH 玻璃电极一般可以用蒸馏水或 pH=4 缓冲溶液浸泡。通常使用 pH=4 缓冲液更好一些，浸泡时间 8～24h 或更长，根据球泡玻璃膜厚度、电极老化程度而不同。同时，参比电极的液接界也需要浸泡。因为如果液接界干涸会使液接界电势增大或不稳定，参比电极的浸泡液必须和参比电极的外参比溶液一致，即 3.3mol/L KCl 溶液或饱和 KCl 溶液，浸泡时间一般几小时即可。

pH 电极也不能浸泡在中性或碱性的缓冲溶液中，长期浸泡在此类溶液中会使 pH 玻璃膜响应迟钝。正确的 pH 电极浸泡液的配制：取 pH=4.00 缓冲剂（250mL）一包，溶于 250mL 纯水中，再加入 56g 分析纯 KCl，适当加热，搅拌至完全溶解即成。

（2）pH 复合电极具体维护

酸度计测量是否精准与电极的维护和保养具有很大关联，因此，对电极合理的维护和保养极其重要，pH 复合电极具体维护如下：

① 电极在测量前必须使用接近被测溶液 pH 值的标准缓冲溶液进行定位校准。

② 在每次校准、测量后进行下一次操作前，应该用蒸馏水或去离子水充分清洗电极，再用被测液清洗一次电极。

③ 取下电极保护套后，应避免电极的敏感玻璃球泡与硬物接触，因为任何破损或擦毛都将使电极失效。

④ 第一次使用（护套内无溶液）或长时间停用的 pH 电极在使用前必须在 3mol/L 氯化钾溶液中浸泡 24h。

⑤ 测量结束，及时将电极保护瓶套上，电极套内应放少量外参比补充液，以保持电极球泡的湿润，切忌浸泡在蒸馏水中。

⑥ 复合电极的外参比补充液为 3mol/L 氯化钾溶液，补充液可以从电极上端小孔加入，一般不要少于一半，复合电极不使用时，拉上橡皮套，防止补充液干涸。

⑦ 电极的引出端必须保持清洁干燥，绝对防止输出两端短路，否则将导致测量失准或失效。

⑧ 电极应与输入阻抗较高的酸度计配套，以使其保持良好的特性。

⑨ 电极应避免长期浸在蒸馏水、蛋白质溶液和酸性氟化物溶液中，避免与有机硅油接触。

⑩ 电极使用一段时间后，响应可能会变慢，可通过清洗活化等相关处理后，改善其测量性能。特别是用酸度计进行特殊样品测定后，pH 电极表面会有部分样品残留，用去离子水已经无法将样品洗刷下来，此时可根据样品性质进行清洗，污染物和清洗剂参见表 1-5。清洗干净后，再用水洗去溶剂，浸入活化液中活化后，用滤纸或面纸吸干，切勿用力擦拭玻璃薄膜。

表1-5 污染物及清洗剂选择

污染物	清洗剂
无机金属氧化物	低于 1mol/L 稀酸
有机油脂类物质	稀洗涤剂（弱碱性）
树脂高分子物质	酒精、丙酮、乙醚
蛋白质血球沉淀物	5% 胃蛋白酶 +0.1mol/L HCl 溶液
颜料类物质	稀漂白液、过氧化氢

⑪ 电极经长期使用后，如发现斜率略有降低，则可把电极下端浸泡在 4%HF（氢氟酸）中 3～5s，用蒸馏水洗净、然后在 0.1mol/L 盐酸溶液中浸泡，使之复新。

⑫ 被测溶液中如含有易污染敏感球泡或堵塞液接界的物质而使电极钝化，会出现斜率降低，显示读数不准现象。如发生该现象，则应根据污染物质的性质，用适当溶液清洗，使电极复新。

注意事项如下：

① 选用清洗剂时，不能用四氯化碳、三氯乙烯、四氢呋喃等能溶解聚碳酸酯的清洗液，因为电极外壳是用聚碳酸酯制成的，其溶解后极易污染敏感玻璃球泡，从而使电极失效。也不能用复合电极去测上述溶液。

② pH 复合电极的使用，最容易出现的问题是外参比电极的液接界处，液接界处的堵塞是产生误差的主要原因。

1.2 项目实施

1.2.1 实训方案准备

本教材主要参考 JJG 119—2018《实验室 pH（酸度）计检定规程》和《中华人民共和国药典》（以下简称《中国药典》2020 版），制订了校准规程，并对相关校准项目展开实施。

《中国药典》2020 版第四部通则中 pH 值测定法，对酸度计测定前校正要求以及相关标准溶液的要求作出明确规定。根据实际需要，选择合适的标准缓冲溶液，具体参见表 1-6 和表 1-7（摘自 JJG 119—2018 附录表）。

表1-6 pH标准溶液的组成

序号	标准物质名称	分子式	质量摩尔浓度/（mol/kg）	配制 1L 标准溶液所需标准物质的质量 /g	配制 1kg 标准溶液所需标准物质的质量 /g
1	四草酸氢钾	$KH_3(C_2O_4)_2 \cdot 2H_2O$	0.05	12.61	12.71
2	酒石酸氢钾	$KHC_4H_4O_6$	0.0341（25℃饱和）	6.4	—
3	柠檬酸二氢钾	$KH_2C_6H_5O_7$	0.05	11.41	11.51
4	邻苯二甲酸氢钾	$KHC_8H_4O_4$	0.05	10.12	10.21
5	磷酸氢二钠	Na_2HPO_4	0.025	3.533	3.549
	磷酸二氢钾	KH_2PO_4	0.025	3.387	3.402
6	磷酸氢二钠	Na_2HPO_4	0.03043	4.302	4.320
	磷酸二氢钾	KH_2PO_4	0.00869	1.179	1.183
7	三羟甲基氨基甲烷盐酸	$(HOCH_2)_3CNH_2 \cdot HCl$	0.05	7.822	7.880
	三羟甲基氨基甲烷	$(HOCH_2)_3CNH_2$	0.01667	2.005	2.019
8	硼砂	$Na_2B_4O_7 \cdot 10H_2O$	0.01	3.800	3.814
9	碳酸钠	Na_2CO_3	0.025	2.640	2.650
	碳酸氢钠	$NaHCO_3$	0.025	2.092	2.100
10	氢氧化钙	$Ca(OH)_2$	0.0203（25℃饱和）	1.5	—

表1-7 一级标准溶液的pH值

温度/℃	0.05 mol/kg 四草酸氢钾	25℃饱和酒石酸氢钾	0.05 mol/kg 柠檬酸二氢钾	0.05 mol/kg 邻苯二甲酸氢钾	0.025 mol/kg 磷酸二氢钾+0.025mol/kg 磷酸氢二钠	0.008695 mol/kg 磷酸二氢钾+0.03043mol/kg 磷酸氢二钠	0.01 mol/kg 硼砂	0.05 mol/kg 三羟甲基氨基甲烷盐酸盐+0.01667 mol/kg 三羟甲基氨基甲烷	0.025 mol/kg 碳酸钠+0.025mol/kg 碳酸氢钠	25℃饱和氢氧化钙
0	1.688	—	—	4.006	6.981	7.534	9.458	8.471	10.317	13.416
5	1.669	—	3.863	3.999	6.949	7.500	9.391	8.303	10.245	13.210
10	1.671	—	3.840	3.996	6.921	7.472	9.330	8.142	10.179	13.011
15	1.673	—	3.820	3.996	6.898	7.448	9.276	7.988	10.118	12.820
20	1.676	—	3.802	3.998	6.879	7.429	9.226	7.840	10.062	12.637
25	1.680	3.559	3.788	4.003	6.864	7.413	9.182	7.699	10.012	12.460
30	1.684	3.551	3.776	4.010	6.852	7.400	9.142	7.563	9.966	12.292
35	1.688	3.547	3.766	4.019	6.844	7.389	9.105	7.433	9.926	12.130
37	1.694	3.547	3.759	4.022	6.839	7.386	—	7.382	9.910	12.069
40	1.694	3.547	3.756	4.029	6.838	7.380	9.072	7.307	9.889	11.975
45	1.700	3.550	3.754	4.042	6.834	—	9.042	7.186	—	11.828
50	1.706	3.555	3.749	4.055	6.833	7.367	9.015	7.070	9.828	11.697
55	1.713	3.563	—	4.070	6.834	—	8.990	—	—	11.553
60	1.721	3.573	—	4.087	6.837	—	8.968	—	—	11.426
70	1.739	3.596	—	4.122	6.847	—	8.926	—	—	—
80	1.759	3.622	—	4.161	6.862	—	8.890	—	—	—
90	1.782	3.648	—	4.203	6.881	—	8.856	—	—	—
95	1.795	3.660	—	4.224	6.891	—	8.839	—	—	—

（1）pHSJ-3F 型酸度计的校正（二点校正，单点确认）

① 仪器使用前准备。打开仪器电源开关预热 20min。将电极夹在电极架上，接上电极导线。用蒸馏水清洗电极需要插入溶液的部分，并用滤纸吸干电极外壁上的水。将仪器选择按键置"pH"位置。

② 仪器的校正溶液 pH 的测量

a．将选择按键开关置"pH"位置。取一洁净塑料试杯（或 100mL 烧杯）用标准缓冲溶液 1（25℃）荡洗三次，倒入 50mL 左右该标准缓冲溶液。用温度计测量标准缓冲溶液温度。

b．将电极插入标准缓冲溶液中，小心轻摇几下试杯，以促使电极平衡。

注意！电极不要触及杯底，插入深度以溶液浸没玻璃球泡为限。

c．仪器显示值为此温度下该标准缓冲溶液的 pH 值。随后将电极从标准缓冲溶液中取出，移去试杯，用蒸馏水清洗电极，并用滤纸吸干电极外壁水。

d．另取一洁净试杯（或 100mL 小烧杯），用标准缓冲溶液 2（25℃）荡洗三次后，再倒入 50mL 左右该标准缓冲溶液。将电极插入溶液中，小心轻摇几下试杯，使电极平衡。仪器显示值为此温度下该标准缓冲溶液的 pH。

e．再用酸度计接近试样的标准缓冲溶液进行单点确认。

（2）仪器示值误差　选用 3～5 种标准溶液，置于恒温水槽中恒温，在酸度计正常工作条件下，用标准溶液校准，之后测量另一种校准时未使用的标准溶液。重复上述操作 6 次。按下式计算酸度计示值误差 ΔpH_s，酸度计校准应尽量选择准确度高的方法，校准溶液与待测溶液的 pH 之差以不超过 3 为宜。

$$\Delta pH_s = \overline{pH} - pH_s$$

式中　$\overline{pH}$——待测标准溶液6次测量平均值；

pH_s——标准溶液 pH 值。

（3）仪器示值重复性　取上述步骤（2）中 6 次测量的数据，按下式计算酸度计测量重复性 S'_{pH}

$$S'_{pH} = \sqrt{\frac{\sum_{i=1}^{n}(pH_i - \overline{pH})^2}{n-1}}$$

式中　pH_i——待测标准溶液的测量值；

$\overline{pH}$——待测标准溶液 6 次测量平均值；

n——测量次数，$n=6$。

（4）性能要求　根据《中国药典》2020 版第四部通则中 pH 值测定法的要求，在使用二点校正、单点确认的方法对酸度计进行校正时，先采用两种标准缓冲液对仪器进行自动校正，应使斜率为 90%～105%，漂移值在 (0±30)mV 或 ±0.5pH 单位之内，之后用 pH 值介于两种校正缓冲液之间且尽量与供试品接近的第三种标准缓冲液验证，至仪器示值与验证缓冲液的规定数值相差不大于 ±0.05pH 单位。

关于酸度计的性能评价，JJG 119—2018《实验室 pH（酸度）计检定规程》在整机检定的计量性能要求中对酸度计仪器示值误差与示值重复性作出了明确的要求，如表 1-4 所示。

笔记

1.2.2　酸度计的校准

　　结合校准规程中的要求，准备好所需的试剂和仪器，并根据要求，完成酸度计校准，酸度计仪器示值误差，酸度计仪器示值重复性的校准项。步骤如下。

校准步骤	校准记录
1.　试剂与仪器准备	标准缓冲溶液 1： 名称：＿＿＿＿＿＿＿＿　有效期：＿＿＿＿＿＿＿ 厂家及批号：＿＿＿＿＿＿＿＿＿＿＿＿＿＿＿＿ 标准缓冲溶液 2： 名称：＿＿＿＿＿＿＿＿　有效期：＿＿＿＿＿＿＿ 厂家及批号：＿＿＿＿＿＿＿＿＿＿＿＿＿＿＿＿ 标准缓冲溶液 3（测量）： 名称：＿＿＿＿＿＿＿＿　有效期：＿＿＿＿＿＿＿ 厂家及批号：＿＿＿＿＿＿＿＿＿＿＿＿＿＿＿＿
2.　检查酸度计的法制计量管理标志和标识，外观及通电情况，电极情况，显示单元分辨力	法制计量管理标志和标识检查：□合格　　□不合格 外观及通电检查：□合格　　□不合格 电极检查：□合格　　□不合格 显示单元分辨力（pH）：＿＿＿＿＿

校准步骤	校准记录			
3.　酸度计的校正（二点校正，单点确定） a.　将选择按键开关置"pH"位置。取适量标准缓冲溶液（1），用温度计测量标准缓冲溶液温度，读数；将电极插入标准缓冲溶液中，小心轻摇几下试杯，以促使电极平衡。读得此温度下该标准缓冲溶液的 pH 值。 b.　取标准缓冲溶液（2）重复该操作。 c.　再用酸度计接近试样的标准缓冲溶液进行单点确认	标准缓冲溶液（1）pH 理论值	标准缓冲溶液（1）pH 实测值	温度	斜率（要求 90% ～ 105%）
	标准溶液（2）pH 理论值	标准溶液（2）pH 实测值	温度	
	测定溶液 pH 理论值	测定溶液 pH 实测值	温度	误差范围（不大于 ±0.05pH）

校准步骤	校准记录							
4.　仪器示值误差 选用 3 ～ 5 种标准缓冲溶液，在酸度计正常工作条件下，用标准缓冲溶液校准之后，测量另一种校准时未使用的标准缓冲溶液。重复上述操作 6 次	项目	1	2	3	4	5	6	平均值
	酸度计示值（pH）							
	pH_s							
	Δ pH							
	项目	1	2	3	4	5	6	平均值
	酸度计示值（pH）							
	pH_s							
	Δ pH							
	项目	1	2	3	4	5	6	平均值
	酸度计示值（pH）							
	pH_s							
	Δ pH							
	结论							

续表

校准步骤	校准记录
5．仪器示值重复性 取步骤 4 中 6 次测量数据，按如下公式计算酸度计测量重复性 S'_{pH} $$S'_{pH}=\sqrt{\dfrac{\sum_{i=1}^{n}(pH_i-\overline{pH})^2}{n-1}}$$ 式中　pH_i——待测标准缓冲溶液的测量值； 　　　$\overline{pH}$——待测标准缓冲溶液 6 次测量平均值； 　　　n——测量次数，$n=6$	<table><tr><td>溶液 1</td><td>1</td><td>2</td><td>3</td><td>4</td><td>5</td><td>6</td><td>标准偏差</td></tr><tr><td>pH</td><td></td><td></td><td></td><td></td><td></td><td></td><td></td></tr><tr><td>溶液 2</td><td>1</td><td>2</td><td>3</td><td>4</td><td>5</td><td>6</td><td>标准偏差</td></tr><tr><td>pH</td><td></td><td></td><td></td><td></td><td></td><td></td><td></td></tr></table>
6．其他	

实训 HSE 注意事项：

1.2.3　酸度计的维护保养及故障分析与排除

1.2.3.1　维护保养注意事项

酸度计简称 pH 计，在使用中若能够合理维护电极、按要求配制标准缓冲溶液和正确操作电极，可大大减小 pH 示值误差，从而提高化学实验、医学检验数据的可靠性。

（1）正确使用与保养电极　目前，实验室使用的电极都是复合电极，其优点是使用方便，不受氧化性或还原性物质的影响，且平衡速度较快。使用时，将电极加液口上所套的橡胶套和下端的橡皮套全取下，以保持电极内氯化钾溶液的液压差。下面就电极的使用与维护简单作介绍。

① 短期内不用时，可充分浸泡在蒸馏水或 1×10^{-4} 盐酸溶液中。但若长期不用，应将其晾干放置，切忌用洗涤液或其他吸水性试剂浸洗。

② 使用前，检查玻璃电极前端的球泡。正常情况下，电极应该透明且无裂纹；球泡内要充满溶液，不能有气泡存在。

③ 测量浓度较高的溶液时，尽量缩短测量时间，使用后仔细清洗，防止被测液黏附在电极上而污染电极。

④ 清洗电极后，不要用滤纸擦拭玻璃薄膜，而应用滤纸吸干，避免损坏玻璃薄膜、防止交叉污染，影响测量精度。

⑤ 测量中注意电极的银-氯化银内参比电极应浸入球泡内氯化物缓冲溶液中，避免电计显示的数字不稳定。

⑥ 电极不能置于强酸、强碱或其他腐蚀性溶液中。

（2）标准缓冲溶液的配制及其保存

① 标准缓冲物质应保存在干燥的空间。比如，混合磷酸盐标准物质在空气湿度较大时，很容易发生潮解。

② 配制标准缓冲溶液应使用二次蒸馏水或去离子水。如果使用 0.1 级酸度计测量，则可以用普通蒸馏水配制标准缓冲溶液。

③ 配制标准缓冲溶液应使用体积较小的烧杯进行配制。存放标准缓冲物质的塑料袋或其它容器，除了应倒干净以外，还应用蒸馏水多次冲洗，充分转移到待配制的标准缓冲溶液中，以保证新配制的标准缓冲溶液准确无误。

④ 新配制的标准缓冲溶液一般可保存 2~3 个月，如发现有混浊、发霉或沉淀等现象时，不能继续使用。

⑤ 碱性标准缓冲溶液应装在聚乙烯瓶中密闭保存。防止二氧化碳进入标准缓冲溶液后形成碳酸，降低其 pH 值。

（3）酸度计的正确校正　酸度计因电计的差异，类型较多，操作步骤也各有不同。因此，酸度计应严格按照说明书正确操作。在具体操作中，校准是酸度计使用操作中的一项重要步骤。通常，校正方法可参考本教材中的"二点校正，单点确认"法进行。

校准工作结束后，对使用频繁的酸度计一般在 48h 内不需再次标定。如遇到下列情况之一，仪器则需要重新标定：

① 溶液温度与标定温度有较大的差异时；

② 电极在空气中暴露过久，如半小时以上时；

③ 定位或斜率调节器被误动后；

④ 测量偏酸性（pH＜2）或偏碱性（pH＞12）的溶液后；

⑤ 更换电极后；

⑥ 当所测溶液的 pH 值不在两点定标时所选溶液的中间，且距离 pH=6.86 标准缓冲溶液较远。

拓展学习资料1 酸度计常见问题及解决

1.2.3.2　仪器故障分析及排除

酸度计的常见故障分析方法包括：外观检查（插头和插口是否完好）、通电检查（是否有电路问题），功能检查（零点、定位和校正等）。

酸度计的常见故障分析及排除，见表1-8。

表1-8　酸度计常见故障分析及排除

常见故障	可能原因	排除方法
无法开机	电源插头损坏，电源断线	检查电源适配器是否有电压输出
无法标定	标准缓冲溶液配制不准确或电极损坏	检查标准缓冲溶液配制及电极情况
开机没有显示	没有开机	连接适配器再按开关键开机
	仪器损坏	按规定更换或修理
读数来回跳动	检测仪器周围有无干扰设备	请远离干扰设备或做好屏蔽
电位测量不正确	电极性能不好	更换好的电极
	电极插头接触不良	连接短路插头，仪器应显示 0mV 左右，否则仪器可能有问题
pH 测量不准确	标定不准确	检查标准缓冲溶液是否受污染，应更换标准缓冲溶液重新标定
	电极污染	电极受污染或堵塞液接界，按电极说明书进行清洗
测量反应慢	电极玻璃球泡污染	电极玻璃球泡污染，根据污染物类型按电极说明书进行清洗
	溶液温度低	若测量溶液温度低，属正常现象

注：酸度计的选型可查阅拓展知识 1.5.2.1 的内容。

1.3　思政微课堂

环保卫士——水质守护

pH 值（即酸碱度）是水质的重要指标，不仅直接影响鱼类等水中生物的生理活动，而且还通过改变水体环境中其他理化及生物因子间接作用于水体中的生物。在养殖水体中，pH 值可以十分直观地反映水质变化，比如藻类的活力、二氧化碳的存在状态等，都可以通过 pH 值的大小和 pH 值日变化量来推断是否在正常范围内。水体 pH 值是反映水质是否适宜鱼虾生长的重要指标，决定着水体中的生物繁殖和水质的化学状况，直接影响鱼虾的生长。

自工业革命以来，以功利主义为价值取向、以无节制消耗资源和破坏环境为代价的工业文明发展范式，在换取经济增长的同时，也导致了生态系统的日益失衡。工业文明下竭泽而渔的增长模式加剧了人与自然的矛盾，损害了人类社会可持续发展的基础。人类逐渐意识到，要实现经济社会的可持续发展，必须对工业文明时代所形成的价值观进行彻底改造与重塑。

党的二十大报告中指出："大自然是人类赖以生存发展的基本条件。尊重自然、顺应自然、保护自然，是全面建设社会主义现代化国家的内在要求。必须牢固树立和践行绿水青山就是金山银山的理念，站在人与自然和谐共生的高度谋划发展。"

"十四五"时期，我国力争形成绿色发展基本框架，全面推动发展方式的转型。在发展理念上，把"绿水青山就是金山银山"的理念进一步落地，形成包括绿色消费、绿色生产、绿色流通、绿色金融等在内的完整绿色经济体系。

青年大学生是新时代社会主义建设者和接班人，一定要理解生态文明建设的重要意义，践行"绿水青山就是金山银山"的发展理念，用科学知识和技术技能守护我们美好的家园。

📝 **笔记**

1.4 项目评价

1.4.1 报告及实训结果

根据项目实施情况，完成校准报告，并进行自我分析与总结。

_____酸度计校准报告

仪器型号：		
测试项目	要求	结论
法制计量管理标志和标识检查		□满足　　□不满足
外观及通电检查		□满足　　□不满足
电极检查		□满足　　□不满足
显示单元分辨力		□满足　　□不满足
校正情况	斜率：_____ 验证溶液标示 pH 值：_____ 验证溶液实测 pH 值：_____ pH 差值：_____	□满足　　□不满足
仪器示值误差		□满足　　□不满足
仪器示值重复性		□满足　　□不满足
校准人 / 日期：		

自我分析与总结：

已掌握内容

存在问题分析

总结

1.4.2　项目评分表

项目	考核要求与分值	评价主体			得分
		教师 70%	学生		
			自评 10%	互评 20%	
学习态度（30分）	课前资料收集整理、完成课前活动（5分）	是□ 部分达成□ 否□	是□ 部分达成□ 否□	是□ 部分达成□ 否□	
	课中遵守纪律（不迟到、不早退、不大声喧哗等）（10分）	是□ 部分达成□ 否□	是□ 部分达成□ 否□	是□ 部分达成□ 否□	
	课中主动参与实践理论学习（10分）	是□ 部分达成□ 否□	是□ 部分达成□ 否□	是□ 部分达成□ 否□	
	课后认真完成作业（5分）	是□ 部分达成□ 否□	是□ 部分达成□ 否□	是□ 部分达成□ 否□	
知识点（20分）	理解酸度计的技术指标（计量性能要求，仪器示值误差、重复性、pH测定）（5分）	是□ 部分达成□ 否□	是□ 部分达成□ 否□	是□ 部分达成□ 否□	
	熟悉酸度计的基本构造（5分）	是□ 部分达成□ 否□	是□ 部分达成□ 否□	是□ 部分达成□ 否□	
	应用酸度计的性能检定内容（5分）	是□ 部分达成□ 否□	是□ 部分达成□ 否□	是□ 部分达成□ 否□	
	应用酸度计的维护保养常识（5分）	是□ 部分达成□ 否□	是□ 部分达成□ 否□	是□ 部分达成□ 否□	

续表

项目	考核要求与分值	评价主体			得分
		教师 70%	学生		
			自评 10%	互评 20%	
技能点 （25分）	完成酸度计性能检定——计量性能要求（5分）	是□ 部分达成□ 否□	是□ 部分达成□ 否□	是□ 部分达成□ 否□	
	完成酸度计性能检定——仪器示值误差（5分）	是□ 部分达成□ 否□	是□ 部分达成□ 否□	是□ 部分达成□ 否□	
	完成酸度计性能检定——仪器重复性（5分）	是□ 部分达成□ 否□	是□ 部分达成□ 否□	是□ 部分达成□ 否□	
	完成酸度计的维护保养（10分）	是□ 部分达成□ 否□	是□ 部分达成□ 否□	是□ 部分达成□ 否□	
素养点 （15分）	积极参与小组活动（5分）	是□ 欠缺□ 否□	是□ 欠缺□ 否□	是□ 欠缺□ 否□	
	具有务实、细致、严谨的工作作风（5分）	是□ 欠缺□ 否□	是□ 欠缺□ 否□	是□ 欠缺□ 否□	
	实验中 HSE 执行情况（5分）	是□ 部分达成□ 否□	是□ 部分达成□ 否□	是□ 部分达成□ 否□	
个人小结 （10分）	在项目完成过程中及结束后的感悟（10分）	深刻□ 一般□ 差□	深刻□ 一般□ 差□	深刻□ 一般□ 差□	

注：评价标准中"是"指完全达成、完全掌握或具有；"否"指没有达成、没有掌握或不具有；"部分达成"是根据学生实际情况，酌情给分。

1.5 总结创新

1.5.1 项目巩固

（1）酸度计在使用中有哪些注意事项？

_____

_____

_____

_____

_____

_____

_____

_____

（2）pH 复合电极的维护要点有哪些？

_____

_____

_____

_____

_____

_____

_____

_____

_____

1.5.2 拓展知识

1.5.2.1 酸度计的选型

① 根据应用场合可分为：笔式酸度计、便携式酸度计、实验室酸度计和工业酸度计等。笔式酸度计主要用于代替 pH 试纸的功能，精度较低，但使用方便。便携式酸度计主要用于现场和野外测量，要求较高的精度和完善的功能。实验室酸度计是一种台式高精度分析仪表，要求精度高、功能全，包括打印输出、数据处理等功能。工业酸度计是用于工业流程的连续测量，不仅有测量显示功能，还具有报警和控制功能，同时也要考虑便于安装和清洗等问题。

② 根据酸度计仪器精度可分为：0.2 级、0.1 级、0.05 级、0.01 级。数字越小，精度越高。

③ 根据元器件类型可分为：晶体管式、集成电路式和单片机微电脑式。现在更多的是应用微电脑芯片，大大减少了仪器体积和单机成本，但芯片的开发成本比较高。

④ 根据读数指示可分为指针式和数字显示式两种。指针式酸度计已很少使用，但指针式仪表能够显示数据的连续变化过程，因此在滴定分析中还有使用。

⑤ 酸度计的附配件功能：如标配 RS232 接口或 USB 接口。以及是否含温度补偿，是自动还是手动。自动温度补偿的酸度计要比手动温度补偿的酸度计方便。

1.5.2.2　电化学分析仪器发展趋势

电化学分析技术是一项古老而又年轻的技术，自中国改革开放以来，电化学技术快速发展，逐渐成为化学、生命、材料、物理、能源、交通、环境和信息等领域的广泛分析工具，对国民经济、国防建设、科学研究等有着至关重要的意义。

一般来说，电化学分析仪器包括酸度计、电导率仪、库仑仪、自动滴定分析仪、极谱溶解氧测定仪、离子计和电泳仪等。其中，电化学分析仪器的款型包括实验室台式和手持便携式。特别是由于嵌入式微型计算机和网络技术的发展，电化学分析仪器更加趋向智能化、信息化、微型化、集成式发展。目前，一些多参数测定的电化学分析仪已经面世，极大提高了操作者的工作效率，促进了我国电化学仪器的一体化、智能化和功能化发展。

另外，电化学分析技术也更加成熟，特别是芯片技术、超微电极、多通道技术、联用技术等先进技术得到充分发展和有机融入，使得我国电化学技术达到国际水准。

项目二 紫外 – 可见分光光度计的校准、维护与保养

项目引入

　　紫外 - 可见分光光度法（UV-VIS）是基于物质分子对 200～780nm 区域内光辐射的吸收而建立起来的分析方法。由于 200～780nm 光辐射的能量主要与物质中原子的价电子的能级跃迁相适应，可以导致这些电子跃迁，所以紫外 - 可见分光光度法又称电子光谱法。

　　用于测量和记录待测物质分子对紫外线、可见光的吸光度及紫外 - 可见吸收光谱，进行定性定量以及结构分析的仪器，称为紫外 - 可见吸收光谱仪或紫外 - 可见分光光度计。紫外 - 可见分光光度计一般包括光源、单色器、吸收池、检测器和信号处理装置。

　　紫外 - 可见分光光度法是仪器分析中应用最为广泛的分析方法之一。它所检测的试液浓度下限可达 10^{-5}～10^{-6}mol/L（达 μg 量级）。在某些条件下甚至可测定 10^{-7}mol/L 的物质（达 ng 量级），因而它具有较高的灵敏度，适用于微量组分的测定。紫外 - 可见分光光度法分析速度快，仪器设备不复杂，操作简便，价格低廉，应用广泛。大部分无机离子和许多有机物质的微量成分都可以用这种方法进行测定。紫外 - 可见分光光度法还可用于芳香化合物及含共轭体系化合物的鉴定及结构分析，也经常用于化学平衡等领域的研究。

学习指南

　　参考化学检验员岗位相关要求，结合工作实际，掌握紫外 - 可见分光光度计的选购原则。能够在接受检定（校准）任务后，按照待检紫外 - 可见分光光度计的检定规程（或内部校准文件），基于基本理论知识和技术知识的前提下，拟定检定（校准）的工作方案，做好相关实验器材、工作和试剂等准备，完成检定（校准）报告，并科学处理数据，撰写实训报告。同时，在完成项目实施的过程中，巩固紫外 - 可见分光光度计的结构组成等基础知识，学习紫外 - 可见分光光度计的检定、校准、日常维护及常见故障排查分析知识和技能。

学习目标

知识目标	技能目标	素质目标
1．理解紫外 - 可见分光光度计的基本构造及工作原理。 2．记住紫外 - 可见分光光度计检定的基本术语并能应用相关公式。 3．知道国内外主流紫外 - 可见分光光度计品牌及相关技术参数。 4．熟悉紫外 - 可见分光光度计检定规程（JJG178—2007）。	1．能阅读并理解仪器使用说明书。 2．能熟练准确使用紫外 - 可见分光光度计。 3．能开展紫外 - 可见分光光度计的检定、维护保养和故障分析。 4．能根据实际要求，选择计量检定、校准和校验	1．辩证分析每一种分析方法、测试技术以及仪器结构的优缺点。 2．培养学生求真务实，严谨细致的职业态度。 3．树立学生追求卓越，技能强国的职业理想。 4．合理采用分析测试手段，兼顾经济与效率，合理解决问题

2.1 相关知识准备

2.1.1 紫外-可见分光光度计的基本构造

在紫外及可见光区用于测定溶液吸光度的分析仪器称为紫外 - 可见分光光度计（简称分光光度计），目前，紫外 - 可见分光光度计的型号较多，但它们的基本构造都相似，都由光源、单色器、样品吸收池、检测器和信号显示系统等五大部件组成，其组成框图如图 2-1 所示。

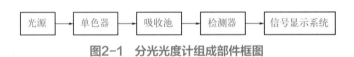

图2-1 分光光度计组成部件框图

由光源发出的光，经单色器获得一定波长单色光照射到样品溶液，被吸收后，经检测器将光强度变化转变为电信号变化，并经信号指示系统调制放大后，显示或打印出吸光度 A（或透射比 τ），完成测定。

（1）光源 光源的作用是供给符合要求的入射光。分光光度计对光源的要求是：在使用波长范围内提供连续的光谱，光强应足够大，有良好的稳定性，使用寿命长。实际应用的光源一般分为紫外线光源和可见光光源。

① 可见光光源。钨丝灯是最常用的可见光光源，它可发射波长为325～2500nm 范围的连续光谱，其中最适宜的使用范围为 320～1000nm，除用作可见光源外，还可用作近红外光源。为了保证钨丝灯发光强度稳定，需要采用稳压电源供电，也可用 12V 直流电源供电。

目前，大多数分光光度计已采用卤钨灯代替钨丝灯，如 7230 型、754 型分光光度计等。所谓卤钨灯是在钨丝中加入适量的卤化物或卤素，灯泡用石英制成。它具有较长的寿命和高的发光效率。

② 紫外线光源。紫外线光源多为气体放电光源，如氢、氘、氙放电灯等。其中应用最多的是氢灯及其同位素氘灯，其使用波长范围为 185～375nm。为了保证发光强度稳定，也要用稳压电源供电。氙灯的光谱分布与氢灯相同，但光强比同功率氢灯要大

3~5倍,寿命比氢灯长。

近年来,具有高强度和高单色性的激光已被开发用作紫外光源。已商品化的激光光源有氩离子激光器和可调谐染料激光器。

(2)单色器 单色器是能从光源辐射的复合光中分出单色光的光学装置。单色器一般由入射狭缝、准光器(透镜或凹面反射镜使入射光成平行光)、色散元件、聚集元件和出射狭缝等几部分组成。其核心部分是色散元件,起着分光的作用。最常用的色散元件是棱镜和光栅。光栅是利用光的衍射与干涉作用制成的,它可用于紫外、可见及红外光域,而且在整个波长区具有良好的、几乎均匀一致的分辨能力。

① 棱镜单色器。棱镜单色器是利用不同波长的光在棱镜内折射率不同将复合光色散为单色光的。棱镜色散作用的大小与棱镜制作材料及几何形状有关。常用的棱镜用玻璃或石英制成。可见分光光度计可以采用玻璃棱镜,但玻璃吸收紫外线,所以不适用于紫外光区。紫外-可见分光光度计采用石英棱镜,它适用于紫外、可见整个光谱区。

② 光栅单色器。光栅作为色散元件具有不少独特的优点。光栅可定义为一系列等宽、等距离的平行狭缝。光栅的色散原理是以光的衍射现象和干涉现象为基础的。常用的光栅单色器为反射光栅单色器,它又分为平面反射光栅和凹面反射光栅两种,其中最常用的是平面反射光栅。由于光栅单色器的分辨率(可达±0.2nm)比棱镜单色器分辨率高,而且它可用的波长范围也比棱镜单色器宽。因此目前生产的紫外-可见分光光度计大多采用光栅作为色散元件。近年来,光栅的刻制复制技术不断地在改进,其质量也在不断提高,因而其应用日益广泛。

(3)样品吸收池 吸收池又叫比色皿,是用于盛放待测液和决定透光液层厚度的器件。吸收池一般为长方体(也有圆鼓形或其他形状,但长方体最普遍),其底及两侧为毛玻璃,另两面为光学透光面。根据光学透光面的材质,吸收池有玻璃吸收池和石英吸收池两种。玻璃吸收池用于可见光光区测定。若在紫外光区测定,则必须使用石英吸收池。吸收池的规格是以光程为标志的。紫外-可见分光光度计常用的吸收池规格有0.5cm、1.0cm、2.0cm、3.0cm、5.0cm等,使用时,根据实际需要选择。

(4)检测器 检测器又称接收器,其作用是对透过吸收池的光作出响应,并把它转变成电信号输出,其输出电信号大小与透过光的强度成正比。常用的检测器有光电池、光电管及光电倍增管等,它们都是基于光电效应原理制成的。作为检测器,对光电转换器的要求是:光电转换有恒定的函数关系,响应灵敏度要高、速度要快,噪声低、稳定性高,产生的电信号易于检测放大等。

① 光电池。光电池是由三层物质构成的薄片,表层是导电性能良好的可透光金属薄膜,中层是具有光电效应的半导体材料(如硒、硅等),底层是铁片或铝片。由于半导体材料的半导体性质,当光照到光电池上时,由半导体材料表面逸出的电子只能单向流动,使金属膜表面带负电,底层铁片带正电,线路接通就有光电流产生。光电流大小与光电池受到光照的强度成正比。

光电池根据半导体材料来命名,常用的光电池是硒光电池和硅光电池。不同的半导体材料制成的光电池,对光的响应波长范围和最灵敏峰波长相同。硒光电池对光响应的波长范围一般为250~750nm;灵敏区为500~600nm,而最高灵敏峰约在530nm。

光电池具有不需要外接电源、不需要放大装置而直接测量电流的优点。其不足之处是:由于内阻小,不能用一般的直流放大器放大,因而不适于较微弱光的测量。光电池受光照持续时间太久或受强光照射会产生"疲劳"现象，失去正常的响应，因此一般不能连续使用 2h 以上。

② 光电管。光电管在紫外 - 可见分光光度计中应用广泛。它是一个阳极和一个光敏阴极组成的真空二极管。按阴极上光敏材料的不同，光电管分蓝敏和红敏两种，前者可用波长范围为 210～625nm；后者可用波长范围为 625～1000nm。与光电池比较，它具有灵敏度高、光敏范围广和不易疲劳等优点。

③ 光电倍增管。光电倍增管是检测弱光最常用的光电元件，它不仅响应速度快，能检测 10^{-8}～10^{-9}s 的脉冲光，而且灵敏度高，比一般光电管高 200 倍。目前紫外 - 可见分光光度计广泛使用光电倍增管作检测器。

（5）信号显示系统　由检测器产生的电信号，经放大等处理后，用一定方式显示出来，以便于计算和记录。信号显示系统有多种，随着电子技术的发展，这些信号显示系统将越来越先进。目前普遍使用的是数字显示和自动记录型装置。

用光电管或光电倍增管作检测器，产生的光电流经放大后由数码管直接显示出透射比或吸光度。这种信号显示系统方便、准确、避免了人为读数错误，而且还可以联接数据处理装置，能自动绘制工作曲线，计算分析结果并打印报告，实现分析自动化。

2.1.2　紫外-可见分光光度计的分类及特点

紫外 - 可见分光光度计按使用波长范围可分为可见分光光度计和紫外 - 可见分光光度计两类。前者的使用波长范围是 400～780nm；后者的使用波长范围为 200～1000nm。可见分光光度计只能用于测量有色溶液的吸光度，而紫外 - 可见分光光度计可测量在紫外、可见及近红外有吸收的物质的吸光度。

按光路分类，紫外 - 可见分光光度计可分为单光束式及双光束式两类；按测量时提供的波长数又可分为单波长分光光度计和双波长分光光度计两类。

（1）单光束分光光度计　所谓单光束是指从光源中发出的光，经过单色器等一系列光学元件及吸收池后，最后照在检测器上时始终为一束光。其工作原理见图 2-2。常用的单光束紫外 - 可见分光光度计有：751G 型、752 型、754 型、756MC 型等。常用的单光束可见分光光度计有 721 型、722 型、723 型、724 型等。

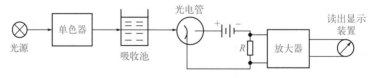

图2-2　单光束分光光度计原理示意图

单光束分光光度计的特点是结构简单、价格低，主要适于作定量分析。其不足之处是测定结果受光源强度波动的影响较大，因而给定量分析结果带来较大误差。

（2）双光束分光光度计　双光束分光光度计工作原理如图 2-3 所示。从光源中发出的光经过单色器后被一个旋转的扇形反射镜（即切光器）分为强度相等的两束光，分别通过参比溶液和样品溶液。利用另一个与前一个切光器同步的切光器，使两束光在不同时间交替地照在同一个检测器上，通过一个同步信号发生器对来自两个光束的信号加以比较，并将两信号的比值经对数变换后转换为相应的吸光度值。

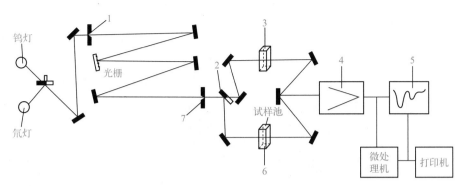

图2-3 双光束分光光度计原理示意图
1—进口狭缝；2—切光器；3—参比池；4—检测器；5—记录仪；6—试样池；7—出口狭缝

常用的双光束紫外-可见分光光度计有 710 型、730 型、760MC 型、760CRT 型、日本岛津 UV-210 型等。这类仪器的特点是：能连续改变波长，自动地比较样品及参比溶液的透光强度，自动消除光源强度变化所引起的误差。对于必须在较宽的波长范围内获得复杂的吸收光谱曲线的分析，此类仪器极为合适。

（3）双波长分光光度计　双波长分光光度计与单波长分光光度计的主要区别在于采用双单色器，以同时得到两束波长不同的单色光，其工作原理如图 2-4 所示。

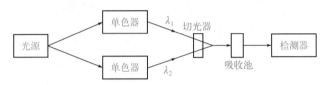

图2-4 双波长分光光度计原理示意图

光源发出的光分成两束，分别经两个可以自由转动的光栅单色器，得到两束具有不同波长 λ_1 和 λ_2 的单色光。借切光器，使两束光以一定的时间间隔交替照射到装有试液的吸收池，由检测器显示出试液在波长 λ_1 和 λ_2 的透射比差值 $\Delta\tau$ 或吸光度差值 ΔA，则

$$\Delta A = A_{\lambda_1} - A_{\lambda_2} = (\varepsilon_{\lambda_1} - \varepsilon_{\lambda_2})bc \tag{2-1}$$

由式（2-1）可知，ΔA 与吸光物质浓度 c 成正比。这就是双波长分光光度计进行定量分析的理论根据。

常用的双光束分光光度计有国产 WFZ800S，日本岛津 UV-300、UV-365。

这类仪器的特点是：不用参比溶液，只用一个待测溶液，因此可以消除背景吸收干扰，包括待测溶液与参比溶液组成的不同及吸收液厚度的差异的影响，提高了测量的准确度。它特别适合混合物和混浊样品的定量分析，可进行导数光谱分析等。其不足之处是价格昂贵。

2.1.3　UV7504C型分光光度计的使用

2.1.3.1　仪器简介

UV7504C 紫外-可见分光光度计具有卤钨灯和氘灯两种光源，适用于 200～1000nm 波长范围内的测量。它采用低杂光、光栅 CT 式单色器结构，使仪器具有良好的稳定性、重现性和精确的测量精度；仪器采用最新微机处理技术，具有自动设置"0%T"和

"100%T"的控制功能，以及多种浓度运算和数据处理功能；仪器配有相应的工作软件，使仪器具有波长扫描、时间扫描、标准曲线等功能；仪器配有标准的 RS-232 双向通信接口和标准并行打印口，可向计算机发送数据并直接打印测试结果。

UV-7504C 紫外 - 可见分光光度计的外形和键盘分别如图 2-5 和图 2-6 所示。

UV7504型紫外-可见分光光度计的基本操作

图2-5　UV-7504C紫外-可见分光光度计外形图

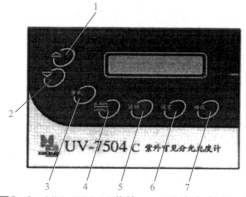

图2-6　UV-7504C紫外-可见分光光度计键盘

1—▲键；2—▼键；3—方式键；4—$\frac{0ABS}{100\%T}$键；5—返回键；6—设定键；7—确认键

仪器键盘共有七个键，其基本功能介绍如下。

（1）"▲"键　此键有四个功能：

① 在浓度状态下（C）按此键，浓度参数自动增加；

② 在斜率状态下（F）按此键，斜率参数自动增加；

③ 在"WL=XXXXnm"（波长改变）状态下按此键，波长参数自动增加；

④ 在仪器完成自检后，波长停在 546nm 时，按此键可以快速进入预设波长。

（2）"▼"键　此键有四个功能：

① 在浓度状态下（C）按此键，浓度参数自动减少；

② 在斜率状态下（F）按此键，斜率参数自动减少；

③ 在"WL=XXX.Xnm"（波长改变）状态下按此键，波长参数自动减少；

④ 在仪器完成自检后，波长停在 546nm 时，按此键可以快速进入预设波长。

（3）"方式"键　按此键，仪器的测试模式在吸光度、浓度、透射比间转换。

（4）"$\frac{0ABS}{100\%T}$"键　在吸光度状态下，按此键仪器将自动将参比调为"0.000A"；在透射比状态下，按此键仪器将自动将参比调为"100%T"。

（5）"返回"键　当仪器设置等方面出现错误时，按此键可以返回到原始状态。

（6）"设定"键　按此键第一次显示自动设置的参数，第二次后参数方式将自动切换。

（7）"确认"键　按此键为确认一切参数设置有效，若不按此键，则设置无效。

2.1.3.2　使用方法

① 开机：接通电源，开机预热 20min，至仪器自动校正后，显示器显示"546.0nm 0.000A"，仪器自检完毕，即可进行测试。

② 用"方式"键设置测试方式，根据需要选择吸光度（A）、浓度（c）、透射比（T）。

③ 选择分析波长，按"设定"键屏幕显示"WL=XXX.Xnm"字样，按"▲""▼"调节到所需波长，按"确认"键确认。稍等，待仪器显示出所需波长，并已经把参比调成 0.000A 时，即可测试。

④ 将参比样品溶液和被测样品溶液放入样品槽中，盖上样品室盖，将参比溶液推入光路，按"$\dfrac{0ABS}{100\%T}$"键调节。

⑤ 当仪器显示"0.000A"或"100%T"后，将待测样品溶液推入光路，依次测试待测样品的数据，记录。

⑥ 测量完毕，取出吸收池，清洗并晾干后入盒保存。关闭电源，拔下电源插头，盖上仪器防尘罩，填写仪器使用记录。

⑦ 清洗各玻璃仪器，收拾桌面，将实验室恢复原样。

2.1.4　紫外-可见分光光度计的检定规程

紫外 - 可见分光光度计的检定一般首选国家标准，也可以根据组织内部分发的检定规程进行检定。本书所列紫外 - 可见分光光度计检定规程参考 JJG 178—2007。

JJG 178—2007 紫外、可见、近红外分光光度计检定规程

（1）计量性能要求　为便于描述计量性能要求，将仪器的工作波长划分为三段，分别是 A 段（190～340mm）、B 段（340～900nm）、C 段（900～2600nm），按照计量性能的高低将仪器划分为 I 、Ⅱ 、Ⅲ 、Ⅳ 共 4 个级别。JJG 178—2007 检定规程对仪器的波长最大允许误差和重复性，噪声与漂移，最小光谱带宽，透射比最大允许误差和重复性，杂散光和吸收池配套性等方面规定了明确的性能要求。具体如下。

① 波长最大允许误差和重复性。仪器波长最大允许误差应符合表 2-1 的要求，仪器波长重复性应满足表 2-2 要求。

表2-1　波长最大允许误差　　　　　　　　　　　　　　　　单位：nm

级别	A 段	B 段	C 段
I	±0.3	±0.5	±1.0
Ⅱ	±0.5	±1.0	±2.0
Ⅲ	±1.0	±4.0	±4.0
Ⅳ	±2.0	±6.0	±6.0

表2-2　波长重复性　　　　　　　　　　　　　　　　　　　单位：nm

级别	A 段	B 段	C 段
Ⅰ	≤ 0.1	≤ 0.2	≤ 0.5
Ⅱ	≤ 0.2	≤ 0.5	≤ 1.0
Ⅲ	≤ 0.5	≤ 2.0	≤ 2.0
Ⅳ	≤ 1.0	≤ 3.0	≤ 3.0

② 噪声与漂移。仪器噪声与漂移应符合表 2-3 的要求。

表2-3　仪器噪声与漂移　　　　　　　　　　　　　　　　　　单位：%

级别	透射比为 0% 噪声	透射比为 100% 噪声	漂移
Ⅰ	≤ 0.05	≤ 0.1	≤ 0.1
Ⅱ	≤ 0.1	≤ 0.2	≤ 0.2
Ⅲ	≤ 0.2	≤ 0.5	≤ 0.5
Ⅳ	≤ 0.5	≤ 1.0	≤ 1.0

注：非扫描仪器不作漂移指标。

③ 最小光谱带宽。具有氘灯的仪器选择氘灯的 656.1nm 的特征谱线，没有氘灯的仪器选择汞灯 546.1nm（或 253.7nm）的特征谱线，选择最小光谱带宽，按照波长最大允许误差及波长重复性测定方法记录氘灯或汞灯的特征谱线，测量半峰宽即为最小光谱带宽。

仪器的最小光谱带宽误差应不超过标称光谱带宽的 ±20%。

④ 透射比最大允许误差和重复性。仪器透射比最大允许误差应满足表 2-4 要求。

仪器透射比重复性应满足表 2-5 要求。

表2-4　透射比最大允许误差　　　　　　　　　　　　　　　　单位：%

级别	A 段	B 段
Ⅰ	±0.3	±0.3
Ⅱ	±0.5	±0.5
Ⅲ	±1.0	±1.0
Ⅳ	±2.0	±2.0

表2-5　透射比重复性要求

级别	A 段	B 段
Ⅰ	≤ 0.1	≤ 0.1
Ⅱ	≤ 0.2	≤ 0.2
Ⅲ	≤ 0.5	≤ 0.5
Ⅳ	≤ 1.0	≤ 1.0

⑤ 杂散光。仪器杂散光应符合表 2-6 要求。

表2-6 杂散光 单位：%

级别	A 段	B 段		C 段
	220nm	360nm	420nm	1420nm
Ⅰ	≤ 0.1	≤ 0.1	≤ 0.2	≤ 0.2
Ⅱ	≤ 0.2	≤ 0.2	≤ 0.5	≤ 0.5
Ⅲ	≤ 0.5	≤ 0.5	≤ 1.0	≤ 1.0
Ⅳ	≤ 1.0	≤ 1.0	≤ 2.0	≤ 2.0

⑥ 吸收池配套性。吸收池配套性应符合表 2-7 要求。

表2-7 吸收池配套性要求

吸收池类别	波长	配套误差
石英	220nm	0.5%
玻璃	440nm	0.5%

（2）检定项目 对于仪器的检定，按管理环节分类，可分为首次检定、后续检定和使用中检定。不同检定需要考虑的检定项目可参考 JJG 178—2007，具体要求如表 2-8 所示。

表2-8 检定项目一览表

序号	检定项目	首次检定	后续检定	使用中检定
1	通用技术要求	+	+	+
2	波长示值误差与重复性	+	+	+
3	噪声与漂移	+	+	+
4	光谱带宽	+	–	–
5	透射比示值误差与重复性	+	+	+
6	基线平直度	+	+	–
7	电源电压的适应性	+	–	–
8	杂散光	+	+	+
9	吸收池的配套性	+	+	+

注："+"为应检项目，"–"为可不检项目。

2.1.5 紫外-可见分光光度计的维护保养

分光光度计是精密光学仪器，正确安装、使用和保养对保持仪器良好的性能和保证测试的准确度有重要作用。

2.1.5.1 对仪器工作环境的要求

分光光度计应安装在稳固的工作台上（周围不应有强磁场，以防电磁干扰），室内应避免高温，温度宜保持在 5～35℃。室内应干燥，相对湿度宜控制在 45%～65%，不应超过 80%。室内应无腐蚀性气体（如 SO_2、NO_2、NH_3 及酸雾等），应与化学分析操作室隔开，避免阳光直射。

2.1.5.2 仪器保养和维护方法

① 仪器工作电源一般允许电压在 $(220\pm22)V$、频率为 $(50\pm1)Hz$ 的单相交流电。为保持光源灯和检测系统的稳定性，在电源电压波动较大的实验室，最好配备稳压器（有过电压保护），功率不小于 500W 的实验室内应有地线并保证仪器有良好接地性。

② 为了延长光源使用寿命，在不使用时不要开光源灯。如果光源灯亮度明显减弱或不稳定，应及时更换新灯。更换后要调节好灯丝位置，不要用手直接接触窗口或灯泡，避免油污沾附，若不小心接触过，要用无水乙醇擦拭。

③ 单色器是仪器的核心部分，装在密封盒内，不能拆开，为防止色散元件受潮生霉，必须定期更换单色器盒内的干燥剂。

④ 必须正确使用吸收池，保护吸收池光学面，具体注意事项如下：

a. 拿取吸收池时，只能用手指接触两侧的毛玻璃，不可接触光学面。

b. 不能将光学面与硬物或脏物接触，只能用擦镜纸或丝绸擦拭光学面。

c. 凡含有腐蚀玻璃的物质（如 F^-、$SnCl_2$、H_3PO_4 等）的溶液，不得长时间放入吸收池。

d. 吸收池使用后应立即用水冲洗干净。有色物污染可以用 3mol/L HCl 和等体积乙醇的混合液浸泡洗涤。生物样品、胶体或其它在吸收池光学面上形成薄膜的物质要用适当的溶剂洗涤。

e. 不得在火焰或电炉上进行加热或烘烤吸收池。

f. 在使用过程中，吸收池中溶液不能装太满，防止溢出；使用结束必须检查样品室是否积存有溢出溶液，经常擦拭样品室，以防废液对部件或光路系统的腐蚀。

g. 定期进行性能指标检测，发现问题及时处理。

⑤ 光电转换元件不能长时间曝光，应避免强光照射或受潮积尘。

⑥ 仪器液晶显示器和键盘日常使用和保存时应注意防划伤、防水、防尘、防腐蚀，并在仪器使用完毕时盖上防尘罩。长期不使用仪器时，要注意环境的温度和湿度。

2.2 项目实施

2.2.1 实训方案准备

本教材主要参考实验室 JJG 178—2007《紫外、可见、近红外分光光度计检定规程》，制订了校准规程，并对相关校准项目展开介绍。

（1）校准设备及标准物质　校准设备及标准物质见表 2-9。

表2-9　校准设备及标准物质

波长标准物质	①汞灯；②附有 1、2、5nm 三个光谱带宽下波长标准值的氧化钛、镨钕、镨铒滤光片；③氧化钬溶液，质量浓度为 40g/L；④ 1,2,4- 三氯苯（分析纯）；⑤干涉滤光片：峰值波长标准不确定度 ≤ 1nm，光谱带宽 <15nm
透射比标准物质	①质量分数为 0.06000/1000 重铬酸钾的 0.001mol/L 高氯酸标准溶液；②紫外光区透射比滤光片；③光谱中性滤光片，其透射比标准值为 10%、20%、30%

续表

杂散光标准物质	①截止滤光片，使用波长分别为 220、360、420nm，半高波长分别为 260、400、470nm，截止波长分别不小于 225、365、430nm，截止区吸光度不小于 3，透光区平均透射比不低于 80%；②碘化钠标准溶液，浓度为 10.0g/L；③亚硝酸钠标准溶液，浓度为 50.0g/L
标准石英吸收池	规格为 10.0mm，其透射比配套误差不大于 0.2%
检定用设备	①调压变压器：输出功率不小于 500W，输出电压（0～250）V；②兆欧表：试验电压 500V，10 级；③万用表：不低于 2.5 级；④秒表：分度值不大于 0.1s

（2）校准环境

① 温度：(10～35)℃；

② 相对湿度不大于 85%；

③ 电源：电压为 (220±22)V，频率为 (50±1)Hz；

④ 仪器不应受强光直射，周围无强磁场、电场干扰，无强气流及腐蚀性气体。

（3）校准项目　结合校准规程的要求，准备好所需的试剂和仪器，并根据要求，完成分光光度计的通用技术要求检查、波长示值误差和重复性、噪声与漂移、透射比示值误差和重复性、杂散光及吸收池配套等校准项。

① 通用技术要求

a．安全性能。用 500V 兆欧表，测量仪器电源进线端与机壳（或接地端子）间的绝缘电阻。测试时电源插头不接入电网，电源开关置于接通位置，用导线将电源插头的相线与零线短路，用兆欧表读取电源插头的相线与仪器接地端子之间的绝缘电阻。

b．仪器外观及标志。仪器各紧固件应紧固良好，各调节旋钮、按钮和开关均能正常工作，电缆线的接插件均能紧密配合且接地良好。仪器应能平稳地置于工作台，样品架定位正确。指示器刻线粗细均匀、清晰，数字显示清晰完整，可调节部件不应有卡滞、突跳及显著的空回。仪器应有下列标志：名称、型号、编号、制造厂名、出厂日期、工作电源电压、频率。国产仪器应有制造生产许可标志及编号。

c．吸收池。吸收池不得有裂纹，透光面应清洁，无划痕和斑点。

波长最大允许误差和重复性

② 波长示值误差和重复性

a．波长准确性检验方法

（a）在可见光区检验波长准确度最简便的方法是绘制镨钕滤光片的吸收光谱曲线。镨钕滤光片的吸收峰为 528.7nm 和 807.7nm（见图 2-7）。

（b）以空气为参比，在 500～540nm 波段每隔 2nm 测定镨钕滤光片吸光度值，记录数据。

（c）在紫外光区（200～400nm），绘制氧化钬滤光片的吸收光谱曲线，与标准滤光片的光谱进行比对。

b．波长最大允许误差及波长重复性。

（a）非自动扫描仪器。选用氧化钬滤光片，镨钕滤光片进行波长最大允许误差和波长重复性检查。选取仪器的透射比或吸光度

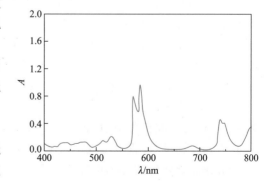

图2-7　镨钕滤光片的吸收峰

测量方式，在测量的波长点用空气作空白调整仪器透射比100%（0A），插入挡光板调整透射比为0%，然后将标准物质垂直置于样品光路中，读取标准物质的光度测定值，重复上述步骤在波长检定点附近单向逐点测出标准物质的透射比或吸光度。求出相应的透射比谷值或吸光度峰值波长 λ_i，连续测量3次。将3次测量得到的波长 λ 的平均值与波长标准值作差，计算波长示值误差。将3次测定的波长最大值与最小值作差即为波长重复性。

选择汞灯时，将汞灯置于光源室使汞灯的光入射到单色器入射狭缝，选取仪器的能量测量方式，设定合适的增益，调整汞灯的位置使能量值达到最大，然后，在峰值波长附近单向逐点测出能量最大值对应的峰值波长，记录 λ_i，连续测量3次。

（b）自动扫描仪器。根据选择的检定波长设定仪器的波长扫描范围（如果波长扫描范围较宽允许分段扫描）、常用光谱带宽、慢速扫描、小于仪器波长重复性指标的采样间隔（如果不能设定波长的采样间隔，应选取较慢的扫描速度）。使用溶液或滤光片标准物质时，采用透射比或吸光度测量方式，根据设定的扫描参数用空气作空白进行仪器的基线校正，用挡光板进行暗电流校正，然后将标准物质垂直置于样品光路中，设置合适的记录范围，连续扫描3次，分别检出（或测量）透射比谷值或吸光度峰值波长 λ_i。

使用低压石英汞灯时，按"b. 波长最大允许误差及波长重复性"中非自动扫描仪器测定的方式连续测量3次，分别检出（或测量）能量的峰值波长 λ_i。

在进行结果计算时，将每个测量波长按照式（2-2）计算波长示值误差：

$$\Delta\lambda = \bar{\lambda} - \lambda_s \tag{2-2}$$

式中　$\bar{\lambda}$——3次测量的平均值；

λ_s——波长标准值。

按照式（2-3）计算波长重复性：

$$\delta_\lambda = \lambda_{max} - \lambda_{min} \tag{2-3}$$

式中，λ_{max}，λ_{min} 分别为3次测量波长的最大值和最小值。

③ 噪声与漂移。根据仪器的工作波段范围选取 A 段 250nm、B 段 500nm 作为噪声测量波长，500nm 作为漂移的测量波长。

设置仪器的扫描参数为时间扫描（或定波长扫描）、光谱带宽 2nm（固定光谱带宽的仪器不设）、时间采样间隔（或积分时间）1s，光度测量方式为透射比，记录范围99%～101%（非扫描仪器不设），在每个测量波长处置参比光束与样品光束皆为空气空白，调整仪器的透射比为100%，扫描2min，测量图谱上最大值与最小值之差（非扫描仪器，记录2min内的最大值与最小值），即为仪器的透射比100%噪声。在样品光路中插入挡板调整仪器透射比0%，扫描2min，测量图谱上最大值与最小值之差（非扫描仪器记录2min内的最大值与最小值），即为仪器透射比0%噪声。

波长切换时，允许见光稳定5min。自动扫描仪器，按上述要求测试透射比0%和100%噪声后，波长置于500nm处，扫描30min，读出扫描图谱包络线中心线的最大值和最小值之差即为仪器的透射比100%线漂移。

④ 透射比示值误差和重复性

a. 采用质量分数为0.06000/1000重铬酸钾的0.001mol/L高氯酸标准溶液及标准吸

收池，分别在 235、257、313、350nm 处测量透射比三次。

也可用紫外区透射比滤光片进行测量。

b．用透射比标称值为 10%、20%、30% 的光谱中性滤光片，分别在 440、546、635nm 处，以空气为参比，测量透射比三次。

透射比示值误差计算：三次测量的平均值与透射比标准值的差值。透射比重复性：三次测量透射比的最大值与最小值的差值。

⑤ 杂散光。选择 JJG178—2007 规定的杂散光测量标准物质在相应波长处测量的透射比，其透射比值即为仪器在该波长处的杂散光。

a．A 段用碘化钠标准溶液（或截止滤光片）于 220nm，亚硝酸钠标准溶液（或截止滤光片）于 360nm（钨灯），10mm 标准石英吸收池，蒸馏水作参比，光谱带宽 2nm（无光谱带宽调整挡的仪器不设）测量其透射比示值。

b．B 段棱镜式仪器，用截止滤光片，在波长 420nm 处，以空气为参比，测量其透射比值。

c．对于需要测量仪器的低杂散光值时，使用衰减片，先测出衰减片的透射比值，再以衰减片为参比，测量上述标准物质透射比值，两者透射比值的乘积即为杂散光。

⑥ 吸收池配套性。分别在 4 个吸收池内注入蒸馏水到池高 3/4，用滤纸吸干池外壁的水滴（注意，不能擦），再用擦镜纸或丝绸巾轻轻擦拭光面至无痕迹。按池上所标箭头方向（进光方向）垂直放在吸收池架上，并用吸收池夹固定好。调"0"调节钮调 $\tau\%=0$，盖上样品室盖，将在参比位置上的吸收池推入光路。用"100%T"调节钮调至 $\tau\%=100$，反复调节几次，直至稳定。依次将被测溶液推入光路，读取相应的透射比或吸光度。

（4）性能要求　关于紫外 - 可见分光光度计的性能评价，JJG 178—2007《紫外、可见、近红外分光光度计检定规程》对其作出了明确的要求，具体参见本章节 2.1.4 中的内容。

📝**笔记**

透射比最大允许误差及重复性

2.2.2　紫外−可见分光光度计的校准

结合 2.2.1 中实验方案准备的要求，准备好所需的试剂和仪器，并根据要求，完成紫外 - 可见分光光度计的波长示值误差和重复性，噪声与漂移，透射比示值误差和重复性，杂散光和吸收池配套性等项目的校准。准确填写校准记录。

校准步骤	校准记录
检查仪器，应无影响其正常工作的损伤，各开关、旋钮或按键应能正常操作和控制，指示灯显示清晰正确。仪器上应标明制造单位名称、型号、编号和制造日期，国产仪器应有制造计量器具许可证标志及编号	外观正常无损：□是　　　　□否 制造单位：＿＿＿＿＿＿＿＿＿＿＿＿＿＿ 型号：＿＿＿＿＿＿＿＿＿＿＿＿＿＿＿＿
波长最大允许误差及波长重复性 （1）非自动扫描仪器 选用氧化钬滤光片、镨钕滤光片进行波长最大允许误差和波长重复性检查。 （2）自动扫描仪器 将标准物质垂直置于样品光路中，设置合适的记录范围，连续扫描3次，分别检出（或测量）透射比谷值或吸光度峰值波长 λ_i。 将每个测量波长按照下式计算波长示值误差： $$\Delta\lambda = \bar{\lambda} - \lambda_s$$ 按照下式计算波长重复性： $$\delta_\lambda = \lambda_{max} - \lambda_{min}$$	
噪声与漂移 根据仪器的工作波段范围选取 A 段 250nm，B 段 500nm 作为噪声测量波长，500nm 作为漂移的测量波长。 根据检定规程，分别测定仪器的透射比100%噪声、透射比0%噪声和仪器的透射比100%线漂移	<table><tr><td>项目</td><td>透射比 0%</td><td>透射比 100%</td><td>漂移 30min</td></tr><tr><td>测量值</td><td></td><td></td><td></td></tr></table>

校准步骤	校准记录
透射比示值误差与重复性 根据检定规程，分别在波长235、257、313、350nm 处测量高氯酸标准溶液及标准吸收池透射比三次，另外用规定的光谱中性滤光片，分别在440、546、635nm 处测量透射比三次。透射比示值误差计算：三次测量的平均值与透射比标准值相减。透射比重复性：三次测量透射比的最大值与最小值相减	(见下表)

波长 /nm	标准值	测量值	平均值	误差	重复性
235					
257					
313					
350					
440					
546					
635					

校准步骤	校准记录
杂散光的测定 根据 JJG 178—2007，测量标准物质在相应波长处的透射比，其透射比值即为仪器在该波长处的杂散光	

| 吸收池的配套性试验
根据分光光度计的检定规程，准备一套吸收池，对其进行配套性试验 | |

仪器条件			
仪器名称：	仪器型号：		仪器编号：
检查吸收池配套性			
波长 /nm	池号 1#	池号 2#	池号 3#	池号 4#
220				
440				
结论：				

校准步骤	校准记录
实训中 HSE 执行情况	

2.2.3 紫外-可见分光光度计的故障分析与排除

在仪器运行出现异常时，需要对常见的问题进行排查，常见的故障及时进行处理。表 2-10 列出了紫外 - 可见分光光度计的常见故障、产生原因及排除方法。针对实际问题，可参考表 2-10 进行故障分析排查。

表2-10 常见故障分析和排除方法

故障	诊断	措施
开机后仪器无任何反应	没有供电电压	供电
	电源线接触不良	—
	电源开关处的保险管熔断	更换保险管
钨灯自检不过	挡光	检查样品池中是否有异物，或光路中是否有其他物品挡光
	钨灯坏	更换（注意，更换前要用干净的纸套将光源镜罩上）
	光源镜氧化生锈	联系厂家，更换光源镜
	钨灯与钨灯架接触不良	紧固
自检波长原点时电机有异常响声，自检错误	撞丝杆（正弦臂越过光电开关）	关闭电源，打开仪器的盖板，用手拨动正弦机构联结轴，把正弦臂转到丝杆的中间位置
联机自检时，样品池原点定位错误	样品池为固定池，软件设置为多联池	将软件设置为固定池，重新开机自检
	多联池电机连线插头松动	—
联机自检时，氙灯定位错误以及波长定位错误	氙灯坏	更换氙灯
	光源镜氧化生锈	—
	灯电源板上的保险管熔断	打开仪器上盖，将灯电源板上的保险管更换
测样品时，数值不稳定，仪器不稳定	试样有光解现象	—
	比色皿脏	清洗比色皿
	在紫外区用了玻璃比色皿	换石英比色皿
	样品溶液有问题	—
	仪器噪声大	参考表中"仪器噪声大"处理措施
基线指标超标	预热时间不够	延长预热时间
	仪器噪声大	—
仪器噪声大	供电电压不稳	安装稳压器
	光源镜氧化	更换光源镜
	样品池挡光	对样品池进行适当调整
	没做暗电流	把黑挡块插入样品池，做暗电流
	光路中镜子很脏	处理干净
仪器无法与 PC 联机	RS232 串口或 USB 连线松动	重新插好，把两个螺丝拧紧
	软件与实际连接的串行通信端口（COM 口）不一致	—
	地址可能被其他程序占用	更换 COM 口解决此问题
	PC 机串口损坏	—

续表

故障	诊断	措施
仪器无法打印	并口打印电缆松动	重新插装
	打印机型号不兼容	—
仪器打印不正常，如出现乱码等	打印机型号不兼容	—
	仪器软件运行不正常	关机重启

2.3 思政微课堂

国内创新民族品牌企业——北京普析通用仪器有限责任公司

北京普析通用仪器有限责任公司是一家国内创新型民族品牌企业，企业秉怀科技服务社会的理念，以"为了人民的生活质量和安全"为服务宗旨。多次承担科技部、国家发改委、北京市科委等部门的科技项目。项目成果多次列入国家重点新产品计划、国家火炬计划等。公司拥有自主知识产权和自主品牌，在备受关注的三聚氰胺、毒胶囊、毒大米、新冠疫情等突发公共安全事件中发挥了重要作用。

公司创始人田禾先生大学毕业后，就来到我国最早的分析仪器制造企业，也是我国最大的光谱仪器生产基地"北京第二光学仪器厂"从事产品技术研发工作。为了追求更广阔的创业天地，之后他创办北京普析通用仪器有限责任公司。

随着我国科学仪器的广泛应用，技术创新、拥有自主产权技术是企业寻求持续发展的必经之路。面对激烈的市场竞争，普析凭借着不断的产品创新、技术创新，走在市场发展的最前端。多年来不仅推出了多款金牌仪器，更积极参与、承担科技部重大项目，成为普析自主产权技术的"加速器"。普析参与、承担科技部重大项目，并迅速实现了产业化，成果也得到了很好的利用，同时培养锻炼了一批经验丰富的研发人员，并获得了近200项专利，在国内占有了强有力的市场，满足了用户对仪器的需求，同时推动了科学仪器产业的发展。

近年来，我国科学仪器行业飞速发展，普析紧跟行业发展步伐，2018年，陆续通过了ISO 17025实验室认证认可体系、安全生产标准化管理体系等一系列现代化管理体系认证。进一步促进企业与国际标准接轨，消除贸易壁垒和加入WTO后的绿色壁垒，为企业树立了良好的品质、信誉和形象。

普析也在新时代产业转型升级中，通过逐步完善企业的产业链，提高公司研发产品的成果转化能力，提升公司的竞争力。普析不断加快创新步伐，引领技术创新，推动行业进步，坚定不移地为美好健康生活助力，为社会平稳发展赋能！

2.4 项目评价

2.4.1 报告及实训结果

根据项目实施情况，完成校准报告，并进行自我分析与总结。

_____紫外 - 可见分光光度计校准报告

仪器型号：		
测试项目	JJG 178—2007 要求	结论
通用技术要求		
波长示值误差		A 段_____B 段_____C 段_____
波长重复性		A 段_____B 段_____C 段_____
噪声与漂移		透射比为 100% 噪声：_____ 透射比为 0% 噪声：_____ 透射比 100% 线漂移：_____
透射比示值误差		
透射比重复性		
杂散光		
吸收池配套性		
检定人 / 日期：		

自我分析与总结：

已掌握内容

存在问题分析

总结

2.4.2 项目评分表

项目	考核要求与分值	评价主体			得分
		教师 70%	学生		
			自评 10%	互评 20%	
学习态度（30分）	课前资料收集整理、完成课前活动（5分）	是☐ 部分达成☐ 否☐	是☐ 部分达成☐ 否☐	是☐ 部分达成☐ 否☐	
	课中遵守纪律（不迟到、不早退、不大声喧哗等）（10分）	是☐ 部分达成☐ 否☐	是☐ 部分达成☐ 否☐	是☐ 部分达成☐ 否☐	
	课中主动参与实践理论学习（10分）	是☐ 部分达成☐ 否☐	是☐ 部分达成☐ 否☐	是☐ 部分达成☐ 否☐	
	课后认真完成作业（5分）	是☐ 部分达成☐ 否☐	是☐ 部分达成☐ 否☐	是☐ 部分达成☐ 否☐	
知识点（20分）	理解紫外-可见分光光度计的技术指标（波长最大允许误差，波长重复性，噪声与漂移，透射比最大允许误差等）（5分）	是☐ 部分达成☐ 否☐	是☐ 部分达成☐ 否☐	是☐ 部分达成☐ 否☐	
	熟悉紫外-可见分光光度计的基本构造（5分）	是☐ 部分达成☐ 否☐	是☐ 部分达成☐ 否☐	是☐ 部分达成☐ 否☐	
	应用紫外-可见分光光度计的性能检定内容（5分）	是☐ 部分达成☐ 否☐	是☐ 部分达成☐ 否☐	是☐ 部分达成☐ 否☐	
	应用紫外-可见分光光度计的维护保养常识（5分）	是☐ 部分达成☐ 否☐	是☐ 部分达成☐ 否☐	是☐ 部分达成☐ 否☐	

续表

项目	考核要求与分值	评价主体			得分
		教师 70%	学生		
			自评 10%	互评 20%	
技能点 （25分）	完成紫外 - 可见分光光度计性能检定——检出限波长示值误差与重复性（5分）	是□ 部分达成□ 否□	是□ 部分达成□ 否□	是□ 部分达成□ 否□	
	完成紫外 - 可见分光光度计性能检定——噪声及漂移（5分）	是□ 部分达成□ 否□	是□ 部分达成□ 否□	是□ 部分达成□ 否□	
	完成紫外 - 可见分光光度计性能检定——透射比示值误差与重复性（10分）	是□ 部分达成□ 否□	是□ 部分达成□ 否□	是□ 部分达成□ 否□	
	完成紫外 - 可见分光光度计性能检定——吸收池配套性（5分）	是□ 部分达成□ 否□	是□ 部分达成□ 否□	是□ 部分达成□ 否□	
素养点 （15分）	积极参与小组活动（5分）	是□ 欠缺□ 否□	是□ 欠缺□ 否□	是□ 欠缺□ 否□	
	具有务实、细致、严谨的工作作风（5分）	是□ 欠缺□ 否□	是□ 欠缺□ 否□	是□ 欠缺□ 否□	
	实验中 HSE 执行情况（5分）	好□ 一般□ 不足□	好□ 一般□ 不足□	好□ 一般□ 不足□	
个人小结 （10分）	在项目完成过程中及结束后的感悟（10分）	深刻□ 一般□ 差□	深刻□ 一般□ 差□	深刻□ 一般□ 差□	

注：评价标准中"是"指完全达成、完全掌握或具有；"否"指没有达成、没有掌握或不具有；"部分达成"是根据学生实际情况，酌情给分。

2.5 总结创新

2.5.1 项目巩固

（1）你所在实训室有哪几种型号的紫外 - 可见分光光度计？它们的检测波长范围分别为多少？

_____

_____

_____

_____

（2）结合检定规程与实训室仪器实际，假设是做仪器的使用中检查，需要实施哪些检定项目？有哪些技术关键？

_____

_____

_____

_____

_____

_____

2.5.2 拓展知识

2.5.2.1 紫外-可见分光光度计的选型

紫外 - 可见分光光度计已广泛应用在各类实验室中，种类也越来越多。无论是国产还是进口仪器，选购紫外 - 可见分光光度计时，均应关注如下几项重要指标。

第一，稳定性。紫外 - 可见分光光度计的稳定性是使用者最关注的指标之一，包括零点稳定度和光电流稳定度。仪器稳定性决定了测定数据的重复性，同时也影响实验结果的准确性。

第二，噪声。噪声体现出仪器测定稀溶液样品的能力。噪声指标越小，仪器性能越好。噪声是分析误差的主要来源之一，它主要影响或限制被测试样浓度的下限数值。噪声限制的测量下限吸光度为 0.04 时，噪声引起的测量误差可达到 1%。

目前，国内外许多生产厂商，不在仪器说明书中给出仪器吸光度噪声，使用者就无法判断仪器在低浓度下是否适用，无法判断灵敏度、准确度是否能达到使用要求，难以判断仪器的适用性和可靠性。因此，不管是低端紫外 - 可见分光光度计，还是高端紫外 - 可见分光光度计，都应向使用者提供吸光度噪声这项关键技术指标。

第三，杂散光。杂散光是光谱测量误差的主要来源。杂散光指标越低，仪器性能越好。杂散光又称杂散辐射率，指除单色器分光之外被检测器接受的多余的光。仪器的检测器无法区分分析波长和杂散光。因此，杂散光的存在会导致测量误差，而每台紫外 - 可见分光光度计的杂散光为确定值时，被分析的试样浓度越大，其分析误差就越大，它能使建立的标准曲线弯曲。

第四，仪器波长准确度和重复性。紫外 - 可见分光光度计一般都是在某一确定工作波长下，测定样品的吸光度数值。如果仪器指示波长和实际波长相差较大，测定吸光度数值和真实值会产生一定误差。而紫外 - 可见分光光度计在使用过程中，由于机械振动、温度变化、灯丝变形、灯座松动或更换灯泡等原因，经常会引起波长标示值与实际通过溶液的波长不符，导致仪器灵敏度降低，影响测定结果的精度，需要经常进行校验。

波长准确度是指波长实测值与理论值的差值。该差值可能为正，也可能为负，越接近于"0"越好。每台紫外 - 可见分光光度计都应标明其波长最大允许误差的范围。波长重复性一般是指三次波长的实测值中最大值与最小值之差。波长重复性只会是正值，越小越好。一般波长重复性 ≤ 0.2nm 的紫外 - 可见分光光度计属于中等层次。

第五，仪器的光度准确度。这个技术指标可用吸光度准确度或透射比准确度表示。使用者采购紫外 - 可见分光光度计，一般是为了实验室定性和定量分析工作。而分析工作的核心，就是出具分析数据和检测报告，其要求数据准确可靠。紫外 - 可见分光光度计光度准确度表示方法主要有两种，一种是吸光度准确度（absorbance accuracy）或吸光度误差（absorbance error），用 AA（或 ΔA）表示；另一种是透射比准确度（transmittance accuracy）或透射比误差，用 TA（或 ΔT）表示。

第六，仪器的外观。选购仪器时也应该关注仪器外观。一台做工精致、外形美观的紫外 - 可见分光光度计更能受到消费者的青睐。

2.5.2.2 紫外-可见分光光度计发展趋势

紫外 - 可见分光光度计是一类有着悠久发展历史的分析仪器，但每次吸收和融入新的技术成果，都使它焕发出新的活力。

（1）紫外 - 可见分光光度计附件的发展　紫外 - 可见分光光度计配置一些附件，就可增加分析功能、增强应用的适应性。这些附件的设计极大方便了用户，受到广大紫外 - 可见分光光度计使用者的欢迎。这也是紫外 - 可见分光光度计发展的重要组成部分，如以功能更强的内置微机或外接 PC 取代单片机，利用外接 PC 的显示器或采用大面积液晶显示屏（LCD）代替简单的发光二极管（LED）数字显示，提升软件应用水平。在此基础上，紫外 - 可见分光光度计可具有开机自检、波长自动校正、基线自动记忆等功能；配备更好界面的操作软件，能够以文件形式存取光谱，显示光谱曲线，可对图形作扩展、压缩、求导、平滑、寻峰等处理；可完成单波长或多波长的定量分析以及动力学分析等。

另外，市场上以光纤探头取代传统样品室，或可选择外接光纤附件，使得紫外 - 可见分光光度计的使用更方便，同时也使配置更灵活。光纤结合模块化设计，可能使得紫外 - 可见分光光度计突破完全固定、静态的组成，而变成可以自由搭配，自助式构建的仪器。光纤同时也是实现在线测量的重要手段。美国 CID 公司开发的 CI 700 型光纤光度计配合可选附件，可用于植物叶片光谱测试等现场研究。安捷伦公司开发的 Agilent Cary 60 紫外 - 可见分光光度计和远程光纤漫反射附件结合可测定固体样品的纯度。

（2）紫外 - 可见分光光度计外形发展正在向小型化、便携式等方向发展　在环境监测、野外现场分析测试和海洋深水中的分析测试等许多领域，需要小型、便于携带、分析速度快的紫外 - 可见分光光度计。因此，国际上已有许多制造商正在研究开发适合于各种不同使用对象的小型紫外 - 可见分光光度计。美国 HACH 公司生产的 DR 2400 分光光度计是一款便携式产品。该仪器采用了阵列式固体半导体检测器，内置光源与电源，广泛应用于工业与市政领域，可对饮用水、工业废水、锅炉用水和冷凝水进行分析。北京普析通用仪器有限责任公司研发成功的 Poes 15 便携式快速光谱仪，是新一代便携式光纤光谱仪，该仪器具有体积小、重量轻、功能全等特点，在国际上具有很强的竞争优势。紫外 - 可见分光光度计正在向小型化、便携式等方向发展。

（3）紫外 - 可见分光光度计向多功能方向发展　一机多用也是广大使用者关注的问题之一。紫外 - 可见分光光度计的功能复合或一机多用，是国际上紫外 - 可见分光光度计发展的重要动向。目前，紫外 - 可见分光光度计具有多种功能，既可作为常规紫外 - 可见分光光度计使用，又可作水质、生物酶分析的专用仪器使用，测定核酸和蛋白质的浓度。另外，紫外 - 可见分光光度计如辅以合适的附件，可以测定物质浓度以外的项目，如日本岛津公司生产的 UV-210A 紫外 - 可见分光光度计及其积分球附件，可以评定织物的相对白度，其精度更是超过了普通白度计。

📝 **笔记**

项目三 原子吸收光谱仪的校准、维护与保养

 项目引入

原子吸收光谱法（atomic absorption spectrometry），是根据蒸气相中基态原子对特征波长光的吸收，测定试样中待测元素含量的分析方法，又称为原子吸收分光光度法。而相应使用原子吸收光谱法分析的仪器称为原子吸收分光光度计（atomic absorption spectrophotometer）或原子吸收光谱仪。

原子吸收光谱仪一般包括光源、原子化器、单色器和检测系统四部分。光源包括空心阴极灯、无极放电灯，原子化器分为火焰原子化器、电加热原子化器（含石墨炉原子化器、钽舟原子化器、高频感应炉原子化器和等离子喷焰原子化器等）和化学原子化器（汞低温原子化器和氢化物原子化器）。

对于火焰原子吸收光谱法，当试液喷射成细雾与燃气混合后进入燃烧的火焰中，被测元素在火焰中转化为原子蒸气。气态的基态原子吸收从光源发射出的与被测元素吸收波长相同的特征谱线，使该谱线的强度减弱，再经分光系统分光后，由检测器接收。产生的电信号，经放大器放大，由显示系统显示吸光度或光谱图。在一定的实验条件下，吸光度与试样中待测元素的浓度成正比，由此而建立相应的定量分析关系。

原子吸收光谱法有以下特点：①检出限低。火焰原子吸收光谱法的检出限可达 µg/mL 级；无火焰原子吸收光谱法的检出限可达 $10^{-10} \sim 10^{-14}$g。②准确度好。火焰原子吸收光谱法的相对误差小于1%，其准确度接近经典化学方法。石墨炉原子吸收法的准确度一般为 3%~5%。③选择性好。用原子吸收光谱法测定元素含量时，通常共存元素对待测元素干扰少。有时选择到合适的实验条件，可不分离共存元素而直接测定。④分析速度快。实验准备工作做好后，一般几分钟即可完成一种元素的测定。若利用自动原子吸收光谱仪，可在 35min 内连续测定 50 个试样中的 6 种元素。

原子吸收光谱仪几乎可以测定所有金属元素，在化工、材料、地矿、冶

金、医药和资源环境等行业部门，以及相关科研院所中得到广泛的应用。目前，国内外原子吸收光谱仪生产制造企业在技术上各有优势。国内企业生产的火焰法原子吸收光谱仪的分析精度，已可与国外品牌的相应仪器相抗衡和媲美。但在仪器自动化、背景校正技术、石墨炉原子化、火焰原子化改进（原子捕集）、连续光源等仪器前沿技术方面，国内科学仪器制造企业还需努力迎头赶上。

 学习指南

参考化学检验员岗位相关要求，结合相关工作实际，掌握原子吸收光谱仪的选购原则。能够在接受检定（校准）任务后，按照待检型号原子吸收光谱仪的检定规程（或内部校准文件），基于原子吸收光谱仪的基本理论知识和相关技术知识的前提下，拟定检定（校准）的工作方案，做好相关实验器材、工作和试剂等准备，完成检定（校准）报告，并科学处理数据，撰写实训报告。同时，在完成项目实施的过程中，巩固原子吸收光谱仪的结构组成等基础知识，也学习原子吸收光谱仪的检定校准、日常维护及常见故障排查分析知识和技能。

 学习目标

知识目标	技能目标	素质目标
1. 理解原子吸收光谱仪的结构及原理。 2. 记住原子吸收光谱仪检定的基本术语并应用相关计算公式。 3. 知道国内外主流原子吸收光谱仪的技术特点。 4. 概述原子吸收光谱仪的简单故障的分析与排除。 5. 熟悉原子吸收光谱仪检定规程 JJG 694—2009	1. 能检索原子吸收光谱仪检定及维护保养的相关技术资料。 2. 能规范操作原子吸收光谱仪。 3. 能检定原子吸收光谱仪的常见性能指标。 4. 能做好原子吸收光谱仪的日常维护与保养工作	1. 以民族品牌仪器创新之路，激发学生爱国热情，增加民族自豪感。 2. 实训过程中遵循 HSE（健康、安全、环保）要求。 3. 培养诚实守信、客观务实的职业道德。 4. 培养一丝不苟、追求卓越的工匠精神

3.1 相关知识准备

3.1.1 原子吸收光谱仪工作原理

原子吸收光谱仪的工作原理中，一般先将被分析物质以适当方法转变为溶液，并将溶液以雾状引入原子化器。而对于非火焰的原子化器，也可以直接固体样品进样，通过电加热等方法产生相应的原子气态蒸气。此时，被测元素在原子化器中原子化为基态原子蒸气。当光源发射出的与被测元素吸收波长相同的特征谱线通过火焰中基态原子蒸气时，光能因被基态原子所吸收而减弱，其减弱的程度（吸光度）在一定条件下，与基态原子的数目（元素浓度）之间的关系，遵守朗伯-比尔定律。被基态原子吸收后的谱线，经分光系统分光后，由检测器接收，转换为电信号，再经放大器放大，由显示系统显示出吸光度或光谱图（见图3-1）。

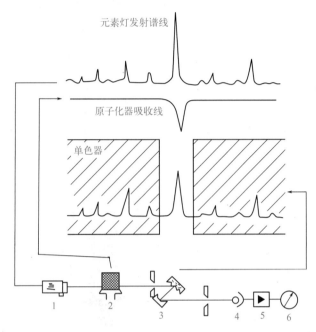

图3-1　原子吸收光谱仪基本原理
1—元素灯；2—原子化器；3—单色器；4—光电倍增器；5—放大器；6—指示仪表

3.1.2　原子吸收光谱仪主要结构

原子吸收光谱仪主要由光源、原子化器、单色器、检测系统组成，如图3-2所示。

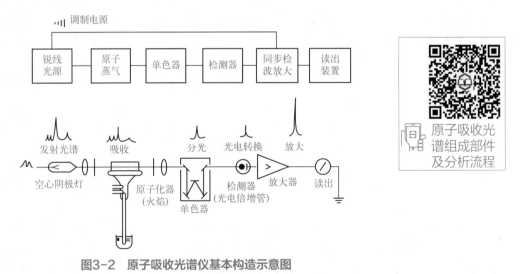

图3-2　原子吸收光谱仪基本构造示意图

3.1.2.1　光源

光源的作用是发射待测元素的特征光谱，供测量用。为了保证峰值吸收的测量，要求光源必须能发射出比吸收线宽度更窄的锐线光谱，并且强度大而稳定，背景低且噪声小，使用寿命长。空心阴极灯（hollow cathode lamp，HCL）、无极放电灯、蒸气放电灯和激光光源灯都能满足上述要求，其中应用最广泛的是空心阴极灯（见图3-3）和无极放电灯。

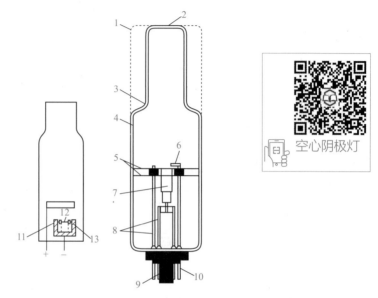

图3-3　空心阴极灯结构示意图
1—紫外玻璃窗口；2—石英窗口；3—密封；
4—玻璃套；5—云母屏蔽；6—阳极；7—阴极；
8—支架；9—管套；10—连接管套；11、13—阴极位降区；12—负辉光区

空心阴极灯又称元素灯，根据阴极材料的不同，分为单元素灯和多元素灯。通常单元素的空心阴极灯只能用于一种元素的测定，这类灯发射线干扰少、强度高，但每测一种元素需要更换一种灯。多元素灯可连续测定几种元素，减少了换灯的麻烦，但光强度较弱，容易产生干扰。目前我国生产的空心阴极灯可以满足国内外各种型号的原子吸收光谱仪的要求，元素品种达 60 余种。

空心阴极灯使用前应经过一段预热时间，使灯的发光强度达到稳定。预热时间随灯元素的不同而不同，一般在 20～30min 以上。

空心阴极灯发光强度与工作电流有关，增大电流可以增加发光强度，但工作电流过大会使辐射的谱线变宽，灯内自吸收增加，使锐线光强度下降，背景增大，同时还会加快灯内惰性气体消耗，缩短灯寿命；灯电流过小，又使发光强度减弱，导致稳定性、信噪比下降。因此，实际工作中，应选择合适的工作电流。为了改善阴极灯放电特征，常采用脉冲供电方式。

无极放电灯又称微波激发无极放电灯（见图3-4）。无极放电灯的发射强度比空心阴极灯大 100～1000 倍。谱线半宽度很窄，适用于对难激发的 As、Se、Sn 等元素的测定。与空心阴极灯相比，无极放电灯发射的光更为强烈，在某些情况下更加灵敏。当分析受到光强度限制时，无极放电灯可提供更高的灵敏度，更低的检出限。此外，无极放电灯比空心阴极灯有更长的使用寿命。目前，已制成 Al、P、K、Rb、Zn、Cd、Hg、Sn、Pb、As 等 18 种元素的商品无极放电灯。

除上述介绍的两种光源外还有低压汞蒸气发电灯、氙弧灯等，它们的发射强度也比空心阴极灯大，但使用不普遍，此处不作介绍。

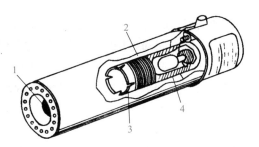

图3-4　无极放电灯结构示意图
1—石英窗；2—螺旋振荡线圈；3—陶瓷管；4—石英灯管

3.1.2.2　原子化器

将试样中待测元素变成气态的基态原子的过程称为试样的"原子化"。完成试样原子化所用的设备称为原子化器或原子化系统。试样中被测元素原子化的方法主要有火焰原子化法和非火焰原子化法两种。火焰原子化法利用火焰热能使试样转化为气态原子。非火焰原子化法利用电加热或化学还原等方式使试样转化为气态原子。

原子化器在原子吸收光谱仪中是一个关键装置，它的质量对原子吸收光谱分析法的灵敏度和准确度有很大影响，甚至起到决定性的作用，也是分析误差最大的一个来源。

（1）火焰原子化器　火焰原子化包括两个步骤：先将试样溶液变成细小雾滴（即雾化阶段），然后使雾滴接受火焰供给的能量形成基态原子（即原子化阶段）。火焰原子化器由雾化器、预混合室和燃烧器等部分组成（见图3-5）。

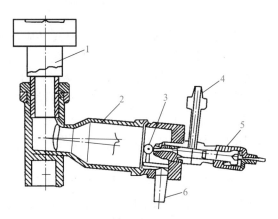

图3-5　预混合型火焰原子化器
1—燃烧器；2—预混合室；3—撞击球；4—助燃气接咀；5—雾化器；6—排液管

雾化器的作用是将试液雾化成微小的雾滴。雾化器的性能会对灵敏度、测量精度等产生影响，因此要求其喷雾稳定、雾滴细微均匀和雾化效率高。目前商品原子化器多数使用气动型雾化器。

预混合室也称雾化室，其作用是进一步细化雾滴，并使之与燃料气均匀混合后进入火焰。粒度大的气溶胶凝聚为更大的液珠沿预混合室内壁流入排液管排出，使燃气、助燃气和气溶胶在室内充分混匀，以减少进入火焰时的扰动。预混合室内壁常做成锥形，使未被利用的废液能顺利排除，减少和消除记忆效应。

　　燃烧器的作用是使燃气在助燃气的作用下形成火焰，使进入火焰的试样微粒原子化。常用的是单缝燃烧器。当采用不同的燃烧气时，应注意调整燃烧器的狭缝宽度和长度以适应不同的燃烧气的燃烧速率，防止回火爆炸。一般用于空气 - 乙炔火焰的燃烧器的缝长是 100mm，用于氧化亚氮 - 乙炔火焰燃烧器的缝长是 50mm。

　　由于火焰原子化法的操作简便，重现性好，有效光程大，对大多数元素有较高灵敏度，因此应用广泛。但火焰原子化法原子化效率低，灵敏度不够高，而且一般不能直接分析固体样品。火焰原子化法的这些不足之处，推动了非火焰原子化法的快速发展。

　　（2）电热原子化器　电热原子化器的种类有多种，如电热高温管式石墨炉原子化器、石墨杯原子化器、钽舟原子化器、碳棒原子化器、镍杯原子化器、高频感应炉和等离子喷焰原子化器等。在商品仪器中常用的电热原子化器是管式石墨炉原子化器，其结构见图 3-6。

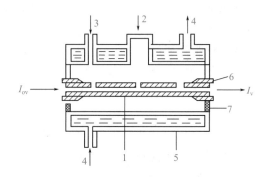

图3-6　石墨炉原子化器示意图
1—石墨管；2—进样窗；3—惰性气体；4—冷却水；5—金属外壳；6—电极；7—绝缘材料

　　一般来说，管式石墨炉原子化器由加热电源、保护气控制系统和石墨管状炉组成。加热电源供给原子化器能量，电流通过石墨管产生高热高温，最高温度可达到 3000℃。保护气控制系统是控制保护气的，仪器启动，保护气 Ar 流通，空烧完毕，切断 Ar 气流。外气路中的氩气沿石墨管外壁流动，以保护石墨管不被烧蚀，内气路中氩气从管两端流向管中心，由管中心孔流出，以有效地除去在干燥的基体蒸气，同时保护已原子化了的原子不再被氧化。在原子化阶段，停止通气，以延长原子在吸收区内的平均停留时间，避免对原子蒸气的稀释。

　　石墨炉原子化器的操作分为干燥、灰化、原子化和净化四步，由程序控制实行程序升温。石墨炉原子化法的优点是：试样原子化是在惰性气体保护下于强还原性介质内进行的，有利于氧化物分解和自由原子的生成。原子化效率高，在可调的高温下试样利用率达 100%，灵敏度高，试样用量少，适用于难熔元素的测定。液体和固体试样均可直接进样。缺点是试样组成不均匀性的影响较大；共存化合物的干扰比火焰原子化法大，背景干扰比较严重，测定精密度不如火焰原子化法。

　　（3）化学原子化器　化学原子化器，又称低温原子化器，它是利用化学反应将待测元素转变为易挥发的金属氢化物或氯化物，然后再在较低的温度下原子化。

① 汞低温原子化法。汞是唯一可采用这种方法测定的元素。因为汞的沸点低，常温下蒸气压高，只要将试液中的汞离子用 $SnCl_2$ 还原为汞，在室温下用空气将汞蒸气引入气体吸收管中就可测其吸光度。这种方法常用于水中有害元素汞的测定。

② 氢化物原子化法。此法适用于 Ge、Sn、Pb、As、Sb、Bi、Se 和 Te 等元素的测定。在酸性条件下，将这些元素还原成易挥发易分解的氢化物，如 AsH_3、SnH_4、BiH_3 等，然后经载气将其引入加热的石英管中，使氢化物分解成气态原子，并测定其吸光度。

氢化物原子化法的还原效率可达 100%，被测元素可全部转变为气体并通过吸收管，因此测定灵敏度高。由于基体元素没有被还原为气体，因此基体影响不明显。

除上述介绍的三种原子化法外，还有阴极溅射原子化、等离子原子化、激光原子化和电极放电原子化法等。

3.1.2.3 单色器

原子吸收光谱仪单色器的主要作用是将待测元素的吸收线与邻近谱线分开，并阻止其他的谱线进入检测器，使检测系统只接受共振吸收线。单色器由入射狭缝、出射狭缝和色散元件（目前商品仪器多采用光栅，其倒线色散率为 0.25～6.6nm/mm）等组成。

在实际工作中，通常根据谱线结构和待测共振线邻近是否有干扰来决定狭缝宽度，适宜的狭缝宽度通过实验来确定。

3.1.2.4 检测系统

检测系统由光电元件、放大器和显示装置等组成。

光电元件一般采用光电倍增管，其作用是将经过原子蒸气吸收和单色器分光后的微弱信号转换为电信号。原子吸收光谱仪的工作波长通常为 190～900nm，不少商品仪器在短波方面可测至 197.3nm（砷），长波方面可测至 852.1nm（铯）。

光电倍增管（photomultiplier，简称 PMT）是光子转换器的一种光电检测器，是一种将弱光信号转换为电信号的真空器件，由光敏阴极、打拿极、阳极（收集极）和真空管（外壳）等组成。光电倍增管是建立在光电子发射效应、二次电子发射效应和电子光学理论的基础上，能够将微弱光信号转换成光电子并获得倍增效应的真空光电发射器件。利用外光电效应和二次电子发射相结合，把微弱的光输入转化为光电子，并使光电子获得倍增。当光子撞击真空管内的光敏阴极时，光敏阴极产生光电子发射，这些光电子被聚集后引向倍增极（也称为打拿极），撞击倍增产生多个次级电子，使电子数目倍增。次级电子再撞击下一级打拿极，使发射电子数再次得到倍增。每经过一次打拿极，产生的电子数倍增一次。已倍增的电子流由阳极收集，作为输出电流。输出的阳极电流与入射光强度及光电倍增管的增益成正比。

光电倍增管的优点是响应范围宽，对紫外线和可见光特别灵敏，在一定的波长范围响应强度恒定，并且在放大 10^6 倍范围内仍呈线性响应，响应信号正比于辐射功率。

放大器的作用是将光电倍增管输出的电压信号放大后送入显示器。放大器分交、直流放大器两种。其中，直流放大器由于不能排除火焰中待测元素原子发射光谱的影响，已趋向淘汰。目前，广泛采用的是交流选频放大和相敏放大器。

放大器放大后的电信号经对数转换器转换成吸光度信号，再通过数字显示器或工作站软件显示数据。目前，国内外商品化原子吸收光谱仪几乎都配备了微处理机系统以及工作站软件系统，具有自动调零、曲线校直、浓度直读、标尺扩展、自动增益等性能，并附有记录器、打印机、自动进样器、阴极射线管荧光屏及计算机等装置，大大提高了仪器的自动化程度。

一些高端原子吸收光谱仪中会使用二极管阵列检测器。二极管阵列检测器即光电二极阵列管检测器（photo-diode array，PAD），也称为光电二极管矩阵检测器（diode array detector，DAD），是一维转换器，光敏元件呈线性排列。

3.1.3　普析TAS990AFG原子吸收光谱仪及其使用

3.1.3.1　普析TAS990AFG原子吸收光谱仪介绍

实验室用原子吸收光谱仪仪器众多，但其结构一般由气路系统、主机（光源，原子化系统，单色器，检测系统）、数据处理系统组成。图3-7、图3-8是普析TAS990AFG原子吸收光谱仪的正面和背面外形图。

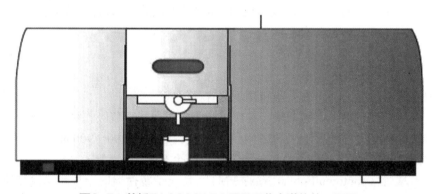

图3-7　普析TAS990AFG原子吸收光谱仪的正面图

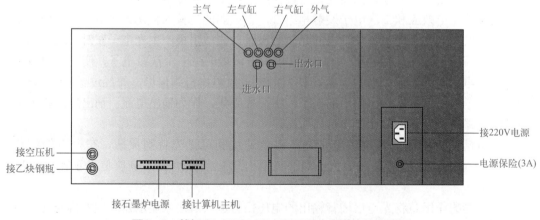

图3-8　普析TAS990AFG原子吸收光谱仪的背面图

3.1.3.2 普析TAS990AFG原子吸收光谱仪操作步骤

（1）火焰法

① 开电脑→开仪器→双击"AAwin v2.1"图标→点击"确定"（如图3-9）。

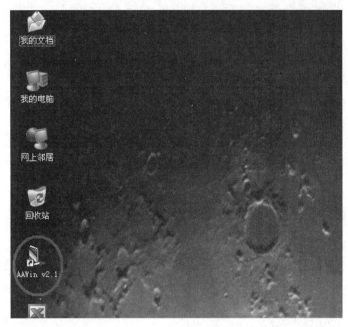

图3-9 工作站启动

② 仪器初始化→等待（如图3-10）。

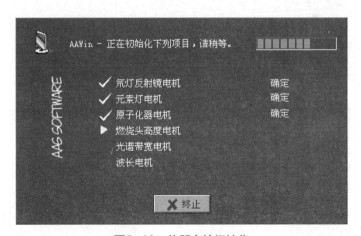

图3-10 仪器自检初始化

③ 选择工作灯及预热灯→"下一步"→"下一步"（如图3-11）。

④ 点击"寻峰"→"关闭"→"下一步"→"完成"（如图3-12和图3-13）。

⑤ 调整原子化器位置。点击菜单中"仪器"→"燃烧器参数设置"，用调光片观察并调整参数（调光片的另一个作用是清洁燃烧器缝隙）。燃烧器参数设置界面见图3-14。

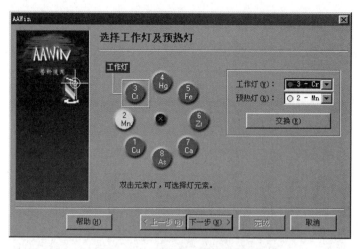

图3-11　工作灯及预热灯的选择

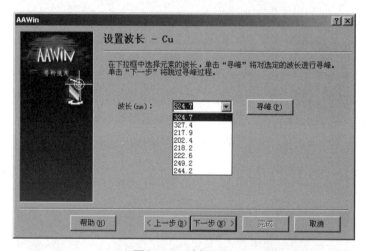

图3-12　波长设置

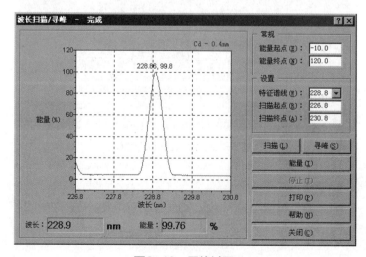

图3-13　寻峰过程

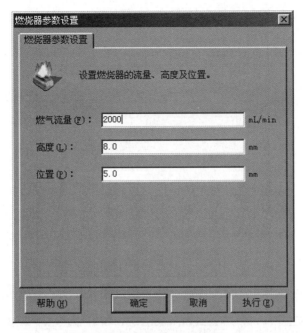

图3-14 燃烧器参数设置

⑥ 点击"样品"→"下一步"→设置标样样品数量和浓度→"下一步"→"完成"。样品设置见图 3-15。

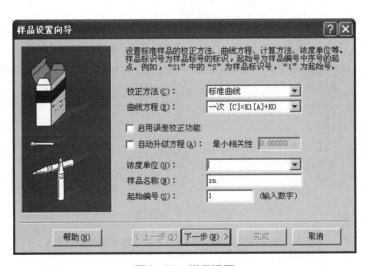

图3-15 样品设置

⑦ 点击"参数"→在"测量重复次数"的设置中设定标准样品和未知样品的次数，一般均应为单数，其余默认→在"火焰法设置"中测定方式选"自动"，其余默认→"信号处理"→在"计算方式"中选"连续法"。参数设置见图3-16。

⑧ 开无油气体压缩机的风机开关→开工作开关（出口压力调至 0.22～0.25MPa）→开乙炔（调至 0.05～0.08MPa）。

⑨ 点击菜单中"点火"→点燃火焰（如图 3-17）。

⑩ 点击菜单中"能量"→"自动能量平衡"→"关闭"（如图 3-18）。

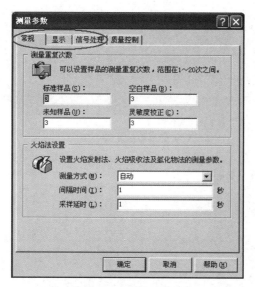

图3-16 参数设置

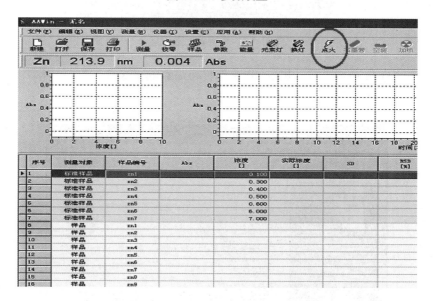

图3-17 点火界面

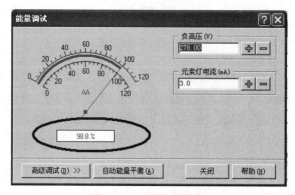

图3-18 能量平衡调试

⑪ 点击菜单中"测量"→测量窗口被打开（如图3-19）。

图3-19　测量窗口

⑫ 标准曲线测定。毛细吸管插入空白对照样品→点击"校零"→按设定的标准样品测量重复次数采样并显示数值，完成后，在测量表格中显示 N 次测量结果平均值。

⑬ 换吸下一个标准样品，曲线上升至平稳状态时，点击"开始"→按设定的标准样品测量重复次数采样并显示数值，完成后，在测量表格中显示 N 次测量结果平均值。换吸下一个标准样品，曲线上升至平稳状态时，点击"开始"，在测量表格中显示标准样品设定序号的数据，并自动绘成标准曲线。

⑭ 点击"终止"，双击左侧标准曲线图→出现工作曲线状态相关数据。

⑮ 样品测定。换吸每一个样品，曲线上升至平稳状态时，点击"开始"→按设定的样品测量重复次数采样并显示数值，完成后，在测量表格样品栏中显示 N 次测量结果平均值。

⑯ 测定使用完毕，继续喷空白溶液几分钟，以清洗雾化系统→关乙炔→按压几次空压机开关旁的放水阀→关闭无油空气压缩机→保存文件→关仪器→关电脑。

注：标准曲线不理想时，可重新测量某个浓度的数据，方法是点击测量窗口中"终止"→选择需重新测量的样品号→鼠标右键→选"重新测量"，直至数据符合要求→点击测量窗口中"终止"→测量下一个样品。

（2）石墨炉法

① 开电脑→开仪器→点击"AAwin v2.1"图标→"确定"。

② 仪器初始化→等待。

③ 选择工作灯及预热灯→"下一步"→"下一步"→点击"寻峰"→"关闭"→"下一步"→"完成"。

④ 点击主菜单中"仪器"→在"测定方法"中选择"石墨炉"→"执行"→5min左右仪器会自动完成由火焰法的燃烧头到石墨炉炉体之间的切换→"确定"（由石墨炉切换到火焰吸收法时，先选定石墨炉，再在"测定方法"中选择"火焰吸收法"→"执行"）。

⑤ 用手转动石墨炉炉体下端圆盘，调节炉体上下位置→点击主菜单中"仪器"→点击"原子化器位置"→使用鼠标拖动滚动条，调整到适当位置→单击"确定"或"执行"（也可人工观察或点击"能量"观看，或看下端"峰高"是否在最大值），最终红色光斑应在水平中心。

⑥ 打开氩气和冷却水源（氩气出口压力为0.5MPa）→打开石墨炉电源。

⑦ 点击主菜单中"设置"→"石墨炉加热程序"→进行石墨炉加热程序设置（如图3-20）。

图3-20　石墨炉加热程序

⑧ 设定干化温度、升温时间、保持时间（时间以秒为单位，下同）；设定灰化温度、升温时间、保持时间；设定原子化温度、升温时间、保持时间；设定净化温度（高于③ 100℃）；设定冷却时间（30～40s）→"确定"。

⑨ 进行测量的样品以及参数设置（同火焰法）。

⑩ 选择工具栏"空烧"对石墨炉进行不少于 2 次的空烧。

⑪ 点击主菜单中"测量"→出现测量窗口→点击"校零"→"ABS"显示 0.000。

⑫ 将移液器按钮压至第一停点位置，取 10.0μL 样品准确地注入石墨管中→枪头尖部有红色亮斑出现→轻轻压下按钮直至第二停点（压到底），排尽全部溶液→不松开按钮拔出移液器→单击"开始"或按回车键。见图 3-21。

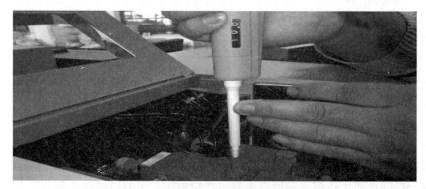

图3-21　进样操作

⑬ 开始对石墨炉进行加热，测量曲线出现在谱图中，并在测量窗口中显示当时石墨管加热温度、每个加热步骤的倒计时。

⑭ 一次测量结束→显示冷却倒计时窗口→倒计时结束后，加入下一个样品。

⑮ 测定使用完毕，关氩气→关冷却水→保存文件→关仪器→关电脑→拔下电源插头。

注意事项：火焰法和石墨炉法切换时，必须注意燃烧头和石墨炉炉体之间的挡板的正确位置，火焰法时应插上挡板，石墨炉法时应提前取下挡板。

更换石墨管时，打开石墨炉电源→点击"更换石墨管"→此时炉体汽缸被打开（落下）→用手拨动汽缸使其偏离石墨炉炉体→向下压动红色方块→用镊子夹取石墨管（管中心圆洞向上）放入（或取出）→向上抬起红色方块→用手转动汽缸使其回归石墨炉炉体中央（看电脑中"能量"，使其至少达到原来的80%）→点击"确定"→汽缸顶上，更换石墨管完成。

3.1.4 原子吸收光谱仪的检定规程

原子吸收光谱仪的检定规程（参考 JJG 694—2009）对原子吸收光谱仪的通用技术要求如下。

① 仪器应有下列标识：仪器名称、型号、出厂编号、制造厂名、制造日期、额定工作电源电压及频率。国产仪器应有制造计量器具许可证标志及编号。

② 所有紧固件均应安装牢固，连接件应连接良好，各调节旋钮、按键和开关均能正常工作，无松动现象，电缆线的接插件应接触良好。

③ 气路连接正确，不得有漏气现象，气源压力应符合出厂说明规定的指标。

④ 外观不应有影响仪器正常工作的损伤。仪器的所有刻线应清晰、粗细均匀。指针的宽度不应大于刻线的宽度，并应与刻线平行。数显部位显示清晰、完整。

原子吸收光谱仪的计量性能应符合表 3-1 的要求。

表3-1 原子吸收光谱仪的计量性能要求

项目	计量性能	
	火焰原子化器	石墨炉原子化器
波长示值误差与重复性	波长示值误差不超过 ±0.5nm，波长重复性不大于 0.3nm	同左
光谱带宽偏差	不超过 ±0.02nm	同左
基线稳定性	零点漂移吸光度不超过 ±0.008/15min；瞬时噪声吸光度应≤0.006	—
边缘能量	谱线背景值/谱线峰值应不大于2%，瞬时噪声吸光度应不大于0.03	同左
检出限	≤0.02μg/mL	≤4pg
测量重复性	≤1.5%	≤5%
线性误差	≤10%	≤15%
表观雾化率	不小于8%	—
背景校正能力	≥30倍	同左

注：1. 对于波长自动校准的仪器不进行波长示值误差项测量。
2. 手动波长仪器光谱带宽项测量用分辨率测量代替，进行 Mn279.5nm 和 279.8nm 谱线扫描，其峰谷能量不应超过40%。

仪器的控制包括首次检定、后续检定和使用中检定。相应的检定条件中，包括检定用标准器及配套设备，含空心阴极灯（Hg、Mn、Cu、Cd、As、Cs 等）；光衰减吸光度相当于1的衰减器；检定用的相关标准物质如表 3-2 所示，其扩展不确定度不低于表 3-2 所示数值；分度值不大于 0.1s 的秒表；2 个 50mL 量筒；相对温度为 10~35℃；相对湿度不高于85%；电源电压为（220±22）V，频率为（50±1）Hz，接地良好；仪器放置在水平无振动的工作台上，操作时无摇动现象；检定场所应通风良好，不得有强光直射，周围无强磁场、电场或振动源干扰，无强气流影响。

表3-2　标准物质的浓度及其不确定度

溶液名称	浓度		不确定度
空白	—		—
铜	0.50	µg/mL	1%（$k=2$）
	1.00		
	3.00		
	5.00	体积分数为 2%HNO$_3$	
镉	0.50	ng/mL	2%（$k=2$）
	1.00		
	3.00		
	5.00		
氯化钠	5.0mg/mL		3%（$k=2$）

具体检定项目如表 3-3。

表3-3　检定项目

序号	检定项目	首次检定	后续检定	使用中检定
1	标志、标记、外观结构	+	+	+
2	波长示值误差与重复性	+	+	−
3	光谱带宽偏差	+	−	−
4	基线稳定性	+	+	+
5	边缘能量	+	−	−
6	检出限	+	+	+
7	测量重复性	+	+	+
8	线性误差	+	+	+
9	表观雾化率	+	−	−
10	背景校正能力	+	−	−

注："+"为应检项目，"−"为可不检项目。

3.1.5　原子吸收光谱仪的维护保养要求

3.1.5.1　高压气体的使用注意事项

原子吸收光谱法经常使用高压气体、易燃易爆气体及有害气体等，须注意以下事项。

① 在原子吸收燃烧器上方要安装排风装置。

② 电源线不得置于暖气、散热器上。确认电路连接无误时，方可接电源。地线不能与其他仪器共用，应使用接地良好的专用地线。

③ 气源离仪器应有适当距离，高压气瓶尽量放在户外，不得暴露于直射阳光、风雨冰雪下，同时保持于40℃以下，为防止可燃性气体钢瓶带静电，应放置在橡胶或合成树脂板等绝缘体上面，并将钢瓶固定在钢瓶架上，由管道将气体导入仪器，定期检查管道，防止气体泄漏，严格遵守有关操作规程。

④ 乙炔钢瓶应配乙炔气专用减压阀，带有回火装置。乙炔气体纯度要求在 99.99% 以上；氩气应配氧气减压阀或氩气减压阀，氩气纯度要求达到 99.99%。

3.1.5.2　空心阴极灯的使用注意事项

① 空心阴极灯使用前应经过一段时间预热，使灯的发光强度达到稳定。预热时间随灯元素的不同而不同，一般在 20～30min。

② 灯在点燃后可从灯的阴极辉光的颜色判断灯的工作是否正常，判断的一般方法如下：充氖气的灯负辉光的正常颜色是橙红色；充氩气的灯正常是淡紫色；汞灯是蓝色。灯内有杂质气体存在时，负辉光的颜色变淡，如充氖气的灯颜色可变为粉红，发蓝或发白，此时应对灯进行处理。

③ 元素灯长期不用，应定期（每月或每隔 2～3 个月）点燃处理，即在工作电流下点燃 1h。若灯内有杂质气体，辉光不正常，可进行反接处理。在额定工作电流下点燃 15～60min，以免性能下降。

④ 使用元素灯时，应轻拿轻放。低熔点的灯用完后，要等冷却后才能移动。

⑤ 为了使空心阴极灯发射强度稳定，要保持空心阴极灯石英窗口洁净，点亮后要盖好灯室盖，测量时不要打开，使外界环境不破坏灯的热平衡。

⑥ 空心阴极灯应在最大允许电流以下范围使用。使用完毕后，要使灯充分冷却，然后从灯架上取下存放。

⑦ 当发现空心阴极灯的石英窗口有污染时，应用脱脂棉蘸无水乙醇擦拭干净。

3.1.5.3　原子化器的维护保养

① 每次分析操作完毕，特别是分析过高浓度或强酸样品后，要立即吸喷蒸馏水数分钟，以防止雾化器和燃烧头被玷污或锈蚀。仪器的不锈钢喷雾器为铂铱合金毛细管，不宜测定高氟浓度样品，使用后应立即用蒸馏水清洗，防止腐蚀，发现堵塞，可用软钢丝清除；吸液用聚乙烯管应保持清洁、无油污，防止弯折。

普析火焰原子化法原子吸收光谱仪雾化器的清洗和安装

② 预混合室要定期清洗积垢，喷过浓酸、碱液后，要仔细清洗；日常工作后应用蒸馏水吸喷 5～10min 进行清洗。

③ 点火后，燃烧器的缝隙上方，应是一片燃烧均匀、呈带状的蓝色火焰。若火焰呈齿形，说明燃烧头缝隙上有污物，需要清洗。如果污物是盐类结晶，可用滤纸插入缝口擦拭，必要时应卸下燃烧器，用 1∶1 乙醇 - 丙酮清洗；如有熔珠可用金相砂纸打磨，严禁用酸浸泡。

火焰原子化器的维护与保养

④ 测试有机试样后要立即对燃烧器进行清洗，一般应先吸喷容易与有机样品混合的有机溶剂约 5min，再吸喷 1% 的硝酸溶液 5min，并将废液排放管和废液容器倒空重新装水。

3.1.5.4　单色器的维护保养

单色器要保持干燥，要定期更换单色器内的干燥剂。单色器中的光学元件，严禁用手触摸和擅自调节。备用光电倍增管应轻拿轻放，严禁振动。仪器中的光电倍增管严禁强光照射，检修时要关掉负高压。

3.1.5.5 气路系统的维护保养

① 要定期检查气路接头和封口是否存在漏气现象，以便及时解决。

② 使用仪器时，若出现废液管道的水封被破坏、漏气，或燃烧器缝明显变宽，或助燃气与燃气流量比过大，或使用笑气 - 乙炔火焰时乙炔流量小于 2L/min 等情况，容易发生"回火"。一旦发生"回火"，应镇定地迅速关闭燃气，然后关闭助燃气，切断仪器电源。若回火引燃了供气管道及附近物品，应采用 CO_2 灭火器灭火。防止回火的点火操作顺序为：先开助燃气，后开燃气；熄火顺序为：先关燃气，待火熄灭后，再关助燃气。

③ 乙炔钢瓶严禁剧烈振动和撞击。工作时应直立，温度不宜超过 30～40℃。开启钢瓶时，阀门旋开不超过 1.5r，以防止丙酮逸出。乙炔钢瓶的输出压力应不低于 0.05MPa，否则应及时充乙炔气，以免丙酮进入火焰，对测量造成干扰。

④ 要经常放掉空气压缩机气水分离器的积水，防止水进入助燃气流量计。

3.1.5.6 原子吸收光谱仪使用中的注意事项

对任何一类仪器在正确使用和维护保养下，才能保证其运行正常，测量结果准确。原子吸收光谱仪的日常维护工作应包括如下内容：

① 开机前，检查各电源插头是否接触良好，仪器各部分是否归于零位。

② 每次仪器测试结束，关闭燃气和助燃气之后，还应及时排空空压机贮气罐内的冷凝水。

③ 仪器工作时，如果遇到突然停电，此时如正在做火焰分析，则应迅速关闭燃气；若正在做石墨炉分析时，则迅速切断主机电源。然后将仪器各部分的控制机构恢复到停机状态，待通电后，再按仪器的操作程序重新开启。

拓展学习资料2 原子吸收光谱仪的安全操作要求

④ 在做石墨炉分析时，如遇到突然停水，应迅速切断主电源，以免烧坏石墨炉。

⑤ 如在工作中万一发生回火，应立即关闭燃气，以免引起爆炸，然后再将仪器开关、调节装置恢复到启动前的状态，待查明回火原因并采取相应措施后再继续使用。

3.2 项目实施

3.2.1 实训方案准备

本教材主要参考 JJG 694—2009《原子吸收分光光度计》，制订了校准规程，并对相关校准项目展开实施。

（1）外观检查

① 确保原子吸收光谱仪的铭牌清晰完整，各类标识齐全。

② 确保各紧固件安装牢固，连接良好，各调节旋钮、按键和开关均正常工作。

③ 确保气路连接正确，无漏气现象，气源压力应符合出厂说明规定的指标。

④ 确保仪器外观无损伤，仪表刻度线清晰、粗细均匀。

（2）校准准备工作　常用校准所用标准器及配套设备包括空心阴极灯：Hg、Mn、Cu、Cd、As、Cs 等。相关标准物质包括 0.50～5.00μg/mL 的 Cu 标准溶液和 Cd 标准溶液。

检定环境条件包括：环境温度 10～35℃；相对湿度 ≤ 85%；电源（220±22）V；频率（50±1）Hz；仪器放置在水平工作台，无强光直射，无强磁场、电场或振动干扰。

（3）TAS990AFG 原子吸收光谱仪的校准步骤

① 波长示值误差与重复性。按空心阴极灯上规定的工作电流点亮汞灯，待其稳定后，在光谱带宽 0.2nm 条件下，从下列汞、氖谱线 253.7、365.0、435.8、546.1、640.2、724.5 和 871.6nm 中按均匀分布原则，选取三至五条逐一作三次单向（从短波向长波方向）测量，以给出最大能量的波长示值作为测量值，然后按式（3-1）计算波长示值误差，按式（3-2）计算波长重复性。

注：对于波长自动校准的仪器，不进行该项测量。

$$\Delta\lambda = \frac{1}{3}\sum_{i=1}^{3}\lambda_i - \lambda_r \tag{3-1}$$

式中　λ_r——汞、氖谱线的波长标准值；

　　　λ_i——汞、氖谱线的波长测量值。

$$\delta_\lambda = \lambda_{max} - \lambda_{min} \tag{3-2}$$

式中　λ_{max}——某谱线三次波长测量值中的最大值；

　　　λ_{min}——某谱线三次波长测量值中的最小值。

② 光谱带宽偏差。点亮铜灯，待其稳定后，在光谱带宽 0.2nm 条件下，对 324.7nm 谱线进行扫描，然后对扫描谱线的半高宽进行测量，扫描谱线如图 3-22 所示。光谱带宽偏差（nm）计算如下：

$$光谱带宽偏差 = (\lambda_2 - \lambda_1) - 0.2$$

注：对手动调波长的仪器，由于波长最小分度值影响，光谱带宽偏差用分辨率测量代替。方法如下：点亮锰灯，待其稳定后，光谱带宽 0.2nm，调节光电倍增管高压，使 279.5nm 谱线的能量为 100，然后扫描测量锰双线，此时应能明显分辨出 279.5nm 和 279.8nm 两条谱线，且两线间峰谷能量应不超过 40%。

③ 基线稳定性。在 0.2nm 光谱带宽条件下，按测铜的最佳火焰条件，点燃乙炔/空气火焰，吸喷二次蒸馏水或去离子水，10min 后，用"瞬时"测量方式或时间常数不大于 0.5s，波长 324.7nm，记录 15min 内零点漂移（以起始点为基准计算）和瞬时噪声（峰-峰值）。

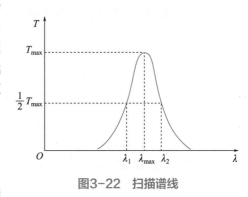

图3-22　扫描谱线

④ 边缘能量。点亮砷和铯灯，待其稳定后，按仪器推荐的最佳工作条件设定光谱参数，响应时间不大于 1.5s 的条件下对 As 193.7nm 和 Cs 852.1nm 谱线分别按下面的步骤进行测量。

在两谱线的峰值能量达到最佳化条件下，测量背景值/峰值。测量谱线的瞬时噪声，5min 内最大瞬时噪声（峰 - 峰值）。

⑤ 火焰原子化法测铜的检出限。将仪器各参数调至正常工作状态，用空白溶液调零，根据仪器灵敏度条件，选择系列 1（0.0、0.5、1.0、3.0μg/mL）或系列 2（0.0、1.0、3.0、5.0μg/mL）铜标准溶液，对每一浓度点分别进行三次吸光度重复测定，取三次测定的平均值后，按线性回归法求出工作曲线的斜率（b），即为仪器测定铜的灵敏度 (S)。

在完全相同条件下，对空白溶液进行 11 次吸光度测量，并按下列公式计算出检出限 C_L：

$$S_A = \sqrt{\frac{\sum_{i=1}^{n}\left(I_{0i} - \overline{I}_0\right)^2}{n-1}} \tag{3-3}$$

式中　I_{0i}——单次测量值；

　　　$\overline{I}_0$——测量平均值；

　　　n——测量次数。

$$C_L = \frac{3S_A}{b} \tag{3-4}$$

⑥ 火焰原子化法测铜的重复性。在进行火焰原子化法测铜的检出限测定时，选择系列标准溶液中的某一溶液，使吸光度为 0.1～0.3，进行七次测定，求出其相对标准偏差（RSD），即为仪器测铜的重复性。重复性计算方法如下

$$RSD = \frac{1}{\overline{I}}\sqrt{\frac{\sum_{i=1}^{n}\left(I_i - \overline{I}\right)^2}{n-1}} \times 100\% \tag{3-5}$$

式中　RSD——相对标准偏差，%；

　　　I_i——单次测量值；

　　　$\overline{I}$——测量平均值；

　　　n——测量次数。

⑦ 火焰原子化法测铜的线性误差。火焰原子化法测定铜的检出限操作完成后按照式（3-6）～式（3-8）计算标准曲线测量中间点（系列 1 计算 1.0μg/mL；系列 2 计算 3.0μg/mL）的线性误差 Δx_i。

线性方程

$$\overline{I}_i = a + bc_i \tag{3-6}$$

式中　$\overline{I}_i$——三次吸光度测量值的平均值；

　　　c_i——第 i 点按照现行方程计算出的测得浓度值，μg/mL；

　　　a——工作曲线的截距；

　　　b——工作曲线的斜率，（μg/mL）$^{-1}$。

$$c_i = \frac{\overline{I}_i - a}{b} \tag{3-7}$$

线性误差

$$\Delta x_i = \frac{c_i - c_{si}}{c_{si}} \times 100\% \tag{3-8}$$

式中　c_{si}——第 i 点标准溶液的标准浓度，μg/mL。

⑧ 样品溶液的表观雾化率 (ε) 检定。将进样毛细管拿离水面，待废液管出口处再无废液排出后，将它接到 50mL 量筒（量筒 1）内（注意：保持一段水封）。在另一量筒（量筒 2）内注入 50mL 二次蒸馏水或去离子水，在与式（3-5）相同的条件下，将毛细管插入水中，直至 50mL 水全部吸喷完毕，待废液管中再无废液排出后，测量排出的废液体积 V(mL)，按式（3-9）计算表观雾化率 (ε)：

$$\varepsilon = \frac{50 - V}{50} \times 100\% \tag{3-9}$$

（4）TAS990AFG 原子吸收光谱仪的校准步骤　外观检查和相关准备工作同上，检出限、重复性及线性误差的测定如下所示。

① 石墨炉原子化法测镉的检出限。将仪器各参数调至正常工作状态，根据仪器灵敏度条件，选择系列 1（0.0、0.5、1.0、3.0ng/mL）或系列 2（0.0、1.0、3.0、5.0ng/mL）镉标准溶液，对每一浓度点分别进行三次吸光度重复测定，取三次测定的平均值后，按线性回归法求出工作曲线斜率 b，按式（3-10）计算仪器测量的灵敏度（S）

$$S = \frac{b}{V} \tag{3-10}$$

式中　b——工作曲线的斜率，$(\text{ng/mL})^{-1}$；

　　　V——取样体积，μL。

在上述完全相同的条件下，对空白溶液进行 11 次吸光度测量，并按式（3-11）计算出检出限 Q_L：

$$Q_L = \frac{3S_A}{S} \tag{3-11}$$

其中 S_A 计算方法参见式（3-3）。

② 石墨炉原子化法测镉的重复性。在进行石墨炉原子化法测镉的检出限测定时，选择系列标准溶液中的某一浓度溶液，使吸光度为 0.1～0.3，进行七次测定，求出其相对标准偏差 (RSD)［计算方法见式（3-5）］，即为仪器测镉的重复性。

③ 石墨炉原子化法测镉的线性误差。石墨炉原子化法测定仪器灵敏度后，按照式（3-6）～式（3-8）计算标准曲线测量中间点（系列 1 计算 1.0ng/mL；系列 2 计算 3.0ng/mL）的线性误差 Δx_i。

（5）火焰和石墨炉法原子吸收光谱仪的背景校正能力　对于仅有火焰原子化器的仪器，在 Cd 228.8nm 波长下，先用无背景校正方式测量，调零后将光衰减器（吸光度约为 1）插入光路，读下吸光度 A_1，再将测量方式改为有背景校正方式，调零后，再把光衰减器插入光路，读下吸光度 A_2。

对于石墨炉原子化器的仪器，将仪器参数调到石墨炉法测镉的正常状态，以仪器推荐测量方式先进行无背景校正测量，加入一定量的氯化钠溶液（该溶液浓度为 5.0ng/mL，必要时可稀释），使产生吸光度为 1 左右的吸收信号，读出吸光度 A_1，再用背景校正方式测量，加入相同量的氯化钠溶液并读下吸光度 A_2。

分别按照上述两种方法测定完相应的吸光度 A_1 和 A_2 后，进行计算：背景校正能力 $= A_1/A_2$。对于可同时获得吸光度数据和背景数据的仪器，可简化操作，在扣背景方式下直接读取 A_1 和 A_2 值，然后进行 A_1/A_2 计算。

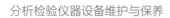

笔记

3.2.2　原子吸收光谱仪的校准

结合 3.2.1 中校准规程的要求，准备好所需的试剂和仪器，并根据要求，完成原子吸收光谱仪波长示值误差与重复性、光谱带宽偏差、基线稳定性、边缘能量、检出限、重复性、线性误差、表观雾化率和背景校正能力等校准项。

校准步骤	校准记录
1．试剂与仪器准备	标准溶液： 名称：＿＿＿＿＿＿＿有效期：＿＿＿＿＿＿ 厂家及批号：＿＿＿＿＿＿＿＿＿＿＿＿＿ 浓度：＿＿＿＿＿＿＿＿＿＿＿＿＿＿＿＿＿ 原子化器类型：＿＿＿＿＿＿＿＿＿＿＿＿＿ 空心阴极灯相关信息：＿＿＿＿＿＿＿＿＿＿ ＿＿＿＿＿＿＿＿＿＿＿＿＿＿＿＿＿＿＿＿ ＿＿＿＿＿＿＿＿＿＿＿＿＿＿＿＿＿＿＿＿ ＿＿＿＿＿＿＿＿＿＿＿＿＿＿＿＿＿＿＿＿
2．检查仪器 检查仪器铭牌是否清晰完整，各类标识是否齐全。仪器各紧固件应安装牢固，连接良好，各调节旋钮、按键和开关均正常工作。气路连接正确，无漏气现象，气源压力应符合出厂说明规定的指标。仪器外观无损伤，仪表刻度线清晰、粗细均匀	外观正常无损：□是　　　　□否 制造单位：＿＿＿＿＿＿＿＿＿＿＿＿＿＿＿ 型号：＿＿＿＿＿＿＿＿＿＿＿＿＿＿＿＿＿＿

3．波长示值误差 ($\Delta\lambda$) 和重复性 (λ_{max})

波长示值误差：$\Delta\lambda = \dfrac{1}{3}\sum_{i=1}^{3}\lambda_i - \lambda_r$

式中，λ_r 是汞、氖谱线的波长标准值，nm；λ_i 是汞、氖谱线的波长测量值，nm。

波长重复性：$\delta_\lambda = \lambda_{max} - \lambda_{min}$

式中，λ_{max} 是某谱线三次波长测量值中的最大值，nm；λ_{min} 是某谱线三次波长测量值中的最小值，nm

汞灯：

波长 /nm	253.7	365.0	435.8	546.1	640.2	724.5	871.6
1							
2							
3							
波长示值误差：				波长重复性：			

4．光谱带宽偏差
光谱带宽偏差 $=(\lambda_2-\lambda_1)-0.2$

计算：

续表

校准步骤	校准记录
5. 基线稳定性	在_____nm 光谱带宽条件下，按测铜的最佳火焰条件，点燃乙炔 / 空气火焰，吸喷二次蒸馏水或去离子水，_____min 后，用"瞬时"测量方式或时间常数不大于 0.5s，波长_____nm，记录_____min 内零点漂移（以起始点为基准计算）和瞬时噪声（峰 - 峰值）。 零点漂移：_____ 瞬时噪声：_____
6. 边缘能量	点亮砷和铯灯，待其稳定后，按仪器推荐的最佳工作条件设定光谱参数，响应时间不大于 1.5s 的条件下对 As 193.7nm 和 Cs 852.1nm 谱线分别按下面步骤进行测量。在两谱线的峰值能量达到最佳化条件下，测量背景值 / 峰值。测量谱线的瞬时噪声，5min 内最大瞬时噪声（峰 - 峰值）。 边缘能量计算：

7. 火焰原子化法测铜的检出限 (C_L) $$S_A = \sqrt{\dfrac{\sum_{i=1}^{n}\left(I_{0i} - \overline{I}_0\right)^2}{n-1}}$$ 式中，I_{0i} 为单次测量值；$\overline{I}_0$ 为测量平均值；n 为测量次数。 $$C_L = \dfrac{3S_A}{b}$$ 式中，b 为工作曲线的斜率

所用的铜线性溶液浓度及吸光度：

铜溶液浓度						
吸光度						
线性方程						
空白溶液	1	2	3	4	5	6
吸光度						
空白溶液	7	8	9	10	11	平均值
吸光度						

计算：

S_A：

C_L：

校准步骤	校准记录
8. 火焰原子化法测铜的重复性 在进行火焰原子化法测铜的检出限测定时，选择系列标准溶液中的某一溶液，使吸光度为 $0.1 \sim 0.3$，进行七次测定，求出其相对标准偏差 (RSD) $$RSD = \frac{1}{\bar{I}} \sqrt{\frac{\sum_{i=1}^{n}\left(I_i - \bar{I}\right)^2}{n-1}} \times 100\%$$ 式中，RSD 为相对标准偏差，%；I_i 为单次测量值；$\bar{I}$ 为测量平均值；n 为测量次数	铜溶液浓度： _____ | 吸光度	1	2	3	4	5	6	7
---	---	---	---	---	---	---	---
A							
RSD								
9. 火焰原子化法测铜的线性误差 计算标准曲线测量中间点（系列 1 计算 $1.0\mu g/mL$；系列 2 计算 $3.0\mu g/mL$）的线性误差 Δx_i： $$\bar{I}_i = a + bc_i$$ $$c_i = \frac{\bar{I}_i - a}{b}$$ $$\Delta x_i = \frac{c_i - c_{si}}{c_{si}} \times 100\%$$ 式中，$\bar{I}_i$ 为三次吸光度测量值的平均值；c_i 为第 i 点按照现行方程计算出的测得浓度值，$\mu g/mL$；c_{si} 为第 i 点标准溶液的标准浓度，$\mu g/mL$；a 为工作曲线的截距；b 为工作曲线的斜率，$(\mu g/mL)^{-1}$	选取的中间点浓度： _____ 。 线性方程： _____ 计算过程：

校准步骤	校准记录
10. 石墨炉原子化法测镉的检出限（Q_L） $$S = \frac{b}{V}$$ 式中，b 为工作曲线的斜率，$(ng/mL)^{-1}$；V 为取样体积，μL。 $$Q_L = \frac{3S_A}{S}$$ S_A 计算方法参见火焰原子化法测铜的检出限（C_L）中 S_A 的计算	所用的镉线性溶液浓度及吸光度： | 镉溶液浓度					
---	---	---	---	---	---
吸光度					
线性方程					
S	$b=$ $S=$			$V=$	
空白溶液	1	2	3	4	5	6
吸光度						
空白溶液	7	8	9	10	11	平均值
吸光度						
Q_L	$S_A=$ $Q_L=$					

续表

校准步骤	校准记录
11. 石墨炉原子化法测镉的重复性 在进行石墨炉原子化法测镉的检出限测定时，选择系列标准溶液中的某一溶液，使吸光度为 0.1～0.3，进行七次测定，求出其相对标准偏差 (RSD) $$RSD = \frac{1}{\bar{I}}\sqrt{\frac{\sum_{i=1}^{n}\left(I_i - \bar{I}\right)^2}{n-1}} \times 100\%$$ 式中，RSD 为相对标准偏差，%；I_i 为单次测量值；$\bar{I}$ 为测量平均值；n 为测量次数	镉溶液浓度：_____<table><tr><td>吸光度</td><td>1</td><td>2</td><td>3</td><td>4</td><td>5</td><td>6</td><td>7</td></tr><tr><td>A</td><td></td><td></td><td></td><td></td><td></td><td></td><td></td></tr><tr><td>RSD</td><td colspan="7"></td></tr></table>
12. 石墨炉原子化法测镉的线性误差 参照火焰原子化法测铜的线性误差计算	选取的中间点浓度：_____。 线性方程：_____ 计算过程：
13. 表观雾化率 $$\varepsilon = \frac{50-V}{50} \times 100\%$$	将进样毛细管拿离水面，待废液管出口处再无废液排出后，将它接到_____mL 量筒（量筒1）内（注意：保持一段水封）。在另一量筒（量筒2）内注入_____mL 二次蒸馏水或去离子水，在与火焰原子化法测铜的检出限相同的条件下，将毛细管插入水中，直至_____mL 水全部吸喷完毕，待废液管中再无废液排出后，测量排出的废液体积 V(mL)，计算表观雾化率 (ε)
14. 背景校正能力	$A_1=$ $A_2=$ $A_1/A_2=$
15. 其他	

3.2.3 原子吸收光谱仪的故障分析与排除

原子吸收光谱仪如果出现故障，可从仪器开机后的自检参数进行排查，从光路系统、气路系统、原子化器的工作状态，以及测定溶液的吸光度值等方面，综合进行分析。但是，由于各种品牌的仪器结构不同，故障及排除方法也不尽相同，出现无法解决的疑难问题时应尽快与厂家联系，尤其是涉及安全问题时，不应自行解决，及时联系厂家工程师解决。

（1）空心阴极灯不正常

① 灯不亮。仪器使用一段时间后出现元素灯点不亮。首先更换一支空心阴极灯试一下，如果能够点亮，说明原灯已坏，需要更换新灯。如更换一支灯后仍不亮，可将灯插在另一个插座上，如果亮了，说明灯插座有接触不良或断线的可能；如果仍不亮，则需检查整个灯座的线路是否正常，如果不是灯座线路问题，则需要检查空心阴极灯的供电电源是否工作正常。必要时需要请厂家维修。

② 灯内的充入气体颜色变浅，存在杂质气体。此时，可将灯电极反接在较大工作电流下激活（吸气）处理。

③ 灯内放电（不停地闪亮）。可能是因为灯内惰性气体溅射而被吸附，降低气体压力。灯起辉电压大于 600V 时，应更换灯。

（2）灯能量低（光强信号弱）

① 空心阴极灯陈旧，发射强度变弱。长时间搁置不用的元素灯容易漏气老化，可利用空心阴极灯激活器激活，大部分情况可恢复灯的性能。或者，直接更换新灯。

② 检查仪器的原子化器是否挡光。如果存在此情况，需要将原子化器位置调整好。

③ 波长选择不正确或光束入射位置发生变化。检查使用灯的波长设置或调节波长是否正确，如波长设置错误或调节波长不正确应改正，手动调节波长的仪器显示的波长值与实际的波长偏差较大时应校准波长显示值。

④ 光学系统各镜头污染或有腐蚀现象。检查吸收室两侧的石英窗是否严重污染，用脱脂棉蘸乙醇、乙醚混合液轻轻擦拭。如以上均正常，则可能是放大电路或负高压电路故障造成，应通知仪器厂家维修。

（3）特征浓度升高、信号不稳

① 燃烧器与光束位置不正。应对有关部分进行调整。

② 空心阴极灯位置不正。应重新校准位置。

③ 灯电流过大。应重新调整灯电流。

④ 试液黏度大。可能是因为用硫酸、磷酸作为介质或基体浓度高。

⑤ 燃烧器和雾化器有堵塞现象。出现火焰断裂现象时应关机做清洁处理。吸喷去离子水火焰应是淡蓝色的，如出现其他颜色则应清洗火焰原子化器，最好使用超声波振荡器清洗。必要时检查喷雾器的提升量，一般是 3~6mL/min，太大信号不稳定，太小灵敏度低。

⑥ 波长漂移等仪器工作条件变化。关机检查和调整仪器参数。

（4）气路不通　自动化程度较高的仪器使用电磁阀及质量流量计控制燃气及空气流量，使用一段时间后出现燃气或空气不通畅的情况，可能原因是使用的燃气或空气不纯，致使电磁阀堵塞或失灵。

如仪器使用可拆卸电磁阀，可拆开清洗；如仪器使用全密封电磁阀，则要更换新的电磁阀。使用浮子流量计的仪器，流量计中如果进了油，会使流量计中的浮子难以浮起而堵塞气路，应拆下流量计，清除流量计中的油。

（5）仪器操作中紧急及其他异常情况的处理

① 停电。遇到此种情况，须迅速关闭燃气，然后再将各部分控制系统恢复到操作前的状态。待通电后，再按仪器操作程序重新工作。

② 火焰扰动很大。可能是因为燃气与助燃气流量比不合适或燃气不纯和污染。要检查气路尤其对空气管道须排除积存水。

③ 信号数据突然产生较大波动。这类情况多由电学系统故障引起，如光电倍增管负高压失灵。

④ 回火

a．废液排水管口径过大，或未进行水封。

b．采用氧化亚氮或富氧焰乙炔流量过小。

⑤ 噪声过大

a．电子元件受潮或损坏，技术参数变化，应更换元件。

b．线路接点接触不良脱焊、短路等，应查找损坏部分进行检修。

c．仪器有强电磁场或高频电磁波干扰。应暂停使用或撤出干扰源。

d．雾化室、雾化器腐蚀，气体沾污或不纯。清洁处理有关部件。

⑥ 分析结果偏高

a．试剂空白没有校正或分析过高浓度试液。

b．存在光谱或背景（分子吸收、光散射等）干扰。

c．标准溶液已变质或配制标准系列时质量浓度不准确，校正标准时可能落在非线性部分。重新清洁原子化系统，调整空白减小干扰因素。

⑦ 分析结果偏低

a．有化学（大量）基体电离等干扰存在。

b．容器壁有吸附或标准溶液不够准确。

c．空白试液被沾污。

d．试液吸光值在工作曲线非线性部分。可采用稀释试液或二次曲线拟合法操作。

⑧ 曲线弯曲过大

a．被测溶液浓度范围太大，可改用小浓度范围内工作或选用次灵敏线工作。

b．灯发射谱线被自蚀。可降低灯电流。

c．存在光散或电离干扰。可用较小光谱通带或加消电离剂。

其他常见故障的原因分析及排除方法见表3-4。

表3-4　其他常见故障的原因分析及排除方法

故障现象	故障原因	排除方法
仪器总电源指示灯不亮	（1）仪器电源线断路或接触不良； （2）仪器保险丝熔断； （3）保险管接触不良； （4）电源输入线路中有断路； （5）仪器中的电路系统有短路，因而将保险丝熔断或某点电压突然增高； （6）指示灯泡坏； （7）灯座接触不良	（1）将电源线接好，压紧插头插座，如仍接触不良则应更换新电源线； （2）更换新保险丝； （3）卡紧保险管使接触良好； （4）用万用表检查，并用观察法寻找断路处，将其焊接好； （5）检查元件是否损坏，更换损坏的元件，或找到电压突然增高的原因并进行排除； （6）更换指示灯泡； （7）改善灯座接触状态

续表

故障现象	故障原因	排除方法
指示灯、空心阴极灯均不亮，表头无指示	(1) 电源插头松脱； (2) 保险丝断； (3) 电源线断； (4) 高压部分有故障	(1) 插紧电源插头； (2) 更换保险丝； (3) 接好电源线； (4) 检查高压部分，找出故障，加以排除
空心阴极灯亮，但发光强度无法调节	(1) 空心阴极灯坏； (2) 灯未坏，但不能调发光强度	(1) 用备用灯检查，确定灯坏，进行更换； (2) 根据电源电路图进行故障检查并排除
空心阴极灯亮，但高压开启后无能量显示	(1) 无高压； (2) 空心阴极灯极性接反； (3) 狭缝旋钮未置于"定位"位置，造成狭缝不透光或部分挡光； (4) 波长不准； (5) 全波段均无能量	(1) 可将增益开到最大，若无升压变压器的"吱吱"高频叫声，则表明无高压输出，可从高频高压输出端有无短路、负高压部分的低压稳压电源线路有无元件损坏、倍压整流管是否损坏、高压多谐振荡器是否工作等方面检查，找出故障加以排除； (2) 将灯的极性接正确； (3) 转动狭缝手轮，将其置于"定位"位置； (4) 找准波长； (5) 送生产厂维修
仪器输出能量过低	(1) 空心阴极灯发光强度弱； (2) 外光路透镜污染严重； (3) 光路不正常； (4) 单色器内光栅、准直镜污染； (5) 光电倍增管阴极窗未对准单色器的出射狭缝； (6) 光电倍增管老化； (7) 电路系统增益降低	(1) 对灯做反接处理，如仍无效则应更换新灯； (2) 对外光路进行清洗； (3) 重新调整光路系统； (4) 用洗耳球吹去灰尘，若污染严重更换光学元件； (5) 进行调整，使其对准单色器出射狭缝； (6) 更换光电倍增管； (7) 检查负高压电源、前置放大器电路或主放大器电路，更换损坏的元件或重新调整
波长指示改变	波长位置改变	根据波长调整方法进行调整，用汞灯检查各谱线，使之相差 0.1nm，并重新定位
开机点火后无吸收	(1) 波长选择不正确； (2) 工作电流过大； (3) 燃烧头与光轴不平行； (4) 标准溶液配制不合适	(1) 重选测定波长，避开干扰谱线； (2) 降低灯电流； (3) 调整燃烧头，使之与光轴平行； (4) 正确配制标准溶液
灵敏度低	(1) 元素灯背景太大； (2) 元素灯的工作电流过大，谱线变宽，灵敏度下降； (3) 火焰温度不适当，燃助比不合适； (4) 火焰高度不适当； (5) 雾化器毛细管堵塞，这是仪器灵敏度下降的主要原因； (6) 撞击球与喷嘴的相对位置未调好； (7) 燃烧器与外光路不平行； (8) 光谱通带选择不合适； (9) 波长选择不合适； (10) 燃气不纯； (11) 空白溶液被污染，干扰增大； (12) 雾化筒和燃烧缝锈蚀； (13) 样品与标准溶液存放时间过长变质； (14) 火焰状态不好，摆动严重或呈锯齿形； (15) 燃气漏气或气源不足	(1) 选择发射背景合适的元素灯做光源； (2) 降低灯电流； (3) 调整火焰温度，燃助气比例； (4) 正确选择火焰高度； (5) 将助燃气流量开至最大，用手指堵住喷嘴，使助燃气吹至畅通为止； (6) 调节相对位置至合适，一般调到球与喷嘴相切； (7) 调节燃烧头，使光轴通过火焰中心； (8) 根据吸收线附近干扰情况选择合适的狭缝宽度； (9) 一般情况下选共振线作为分析线； (10) 采取措施，纯化燃气； (11) 更换空白溶液； (12) 更换雾化筒，除去燃烧缝锈蚀； (13) 重新配制； (14) 清洗燃烧器，改变助燃比，检查气路是否有水存在； (15) 检漏，加大气源压力

故障现象	故障原因	排除方法
重现性差，读数漂移	（1）乙炔流量不稳定； （2）燃烧器预热时间不足； （3）燃烧器缝隙或雾化器毛细管堵塞； （4）废液流动不通畅，雾化筒内积水，影响样品进入火焰，导致重现性差； （5）废液管道无水封或废液管变形； （6）燃气压力不够，不能保持火焰恒定或管道内有残存盐类堵塞； （7）雾化器未调好； （8）火焰高度选择不当，基态原子数变化异常，使吸收不稳定	（1）在乙炔管道上加一阀门，控制开关，调节好乙炔流量； （2）增加燃烧器预热时间； （3）清除污物使之畅通； （4）立即停机检查，疏通管道； （5）将废液管道加水封或更换废液管； （6）加大燃气压力，使气源充足，或用滤纸堵住燃烧器缝隙，继续喷雾，增大雾化筒内压力，迫使废液排出，并清洗管道； （7）重调雾化器； （8）选择合适的火焰高度
噪声过大	（1）由于火焰的高度吸收，当测定远紫外区域的元素，如 As 或 Se 等时，分析噪声大； （2）阴极灯能量不足，伴随从火焰或溶液组分来的强发射，引起光电倍增管的高度噪声； （3）吸喷有机样品污染了燃烧器； （4）灯电流、狭缝、乙炔气和助燃气流量的设置不适当； （5）水封管状态不当，排液异常； （6）燃烧器缝隙被污染； （7）雾化器调节不当，雾滴过大； （8）乙炔钢瓶和空气压缩机输出压力不足； （9）燃气、助燃气不纯	（1）采用背景校正，有时可有所改善； （2）在允许的最大电流值内，增大灯的工作电流，换用能量大的新灯，或试用其他吸收线进行分析，用化学方法去除溶液中能通过火焰产生强发射的干扰组分； （3）清洗燃烧器； （4）重新设置至合适； （5）更换排液管，重新设置水封； （6）清洗燃烧器缝隙； （7）重新调节雾化器； （8）增加气源压力； （9）纯化燃气、助燃气
点火困难	（1）乙炔气压力或流量不足； （2）助燃气流量太大； （3）当仪器停用较久，空气扩散并充满管道，燃气很少	（1）增加乙炔气压力或流量； （2）调节助燃气流量至合适； （3）点火操作若干次，使乙炔气重新充满管道
燃烧器回火	（1）直接点燃 $N_2O-C_2H_2$ 火焰； （2）废液管水封安装不当	（1）对 N_2O 加热后再点火； （2）重新安装水封
标准曲线弯曲	（1）电源灯失气，发射背景大； （2）电源灯内部的金属释放氢气太多； （3）工作电流过大，由于"自蚀"效应使谱线增宽； （4）谱线狭缝宽度选择不当； （5）废液流动不畅通； （6）火焰高度选择不当，无最大吸收； （7）雾化器未调好，雾化效果不佳； （8）样品浓度太高，仪器工作在非线性区域	（1）更换电源灯或做反接处理； （2）更换电源灯； （3）减小工作电流； （4）选择合适的狭缝宽度； （5）采取措施，使之畅通； （6）选择合适的火焰高度； （7）调好撞击球和喷雾的相对位置，提高喷雾质量； （8）减小样品浓度，使仪器工作在线性区域
分析结果偏高	（1）溶液中的固体未溶解，造成假吸收； （2）由于"背景吸收"造成假吸收； （3）空白未校正； （4）标准溶液变质； （5）谱线覆盖造成假吸收	（1）调高火焰温度，使固体颗粒蒸发溶解； （2）在共振线附近用同样的条件再测定； （3）做空白校正试验； （4）重新配制标准溶液； （5）降低样品浓度，减少假吸收

续表

故障现象	故障原因	排除方法
分析结果偏低	（1）样品挥发不完全，细雾颗粒大，在火焰中未完全离解； （2）标准溶液配制不当； （3）被测样品浓度太高，仪器工作在非线性区域； （4）样品被污染或存在其他物理化学干扰	（1）调整撞击球和喷雾的相对位置，提高喷雾质量； （2）重新配制标准溶液； （3）减小样品浓度，使仪器工作在线性区域； （4）消除干扰因素，更换样品
不能达到预定的检出限	（1）使用不适当的标尺扩展和积分时间； （2）由于火焰条件不当或波长选择不当，导致灵敏度太低； （3）灯电流太小，影响其稳定性	（1）正确使用标尺扩展和积分时间； （2）重新选择合适的火焰条件或波长； （3）选择合适的灯电流

拓展学习资料3　原子吸收光谱仪的常见问题处理

3.3　思政微课堂

原子吸收光谱法在食品检测中的应用

原子吸收光谱法广泛应用于食品、饲料、农业、医药等重要行业。由于人们对食品安全的重视程度不断提高，人们开始对食品工业中重金属的检测投入了更多的关注。

在低摄入情况下，食物中的铅、镉、汞等金属会造成人体慢性中毒，是会对人类健康构成巨大威胁的重大食品安全问题。因此，食品中微量元素的分析检测有着十分重要的意义。目前，原子吸收光谱法是检测食品中微量元素的重要方法。其在农产品分析、动物性产品分析中具有广泛的应用。

农药和化肥的不恰当使用，会使农产品重金属含量超标，原子吸收光谱法因其较高的灵敏度在农产品及土壤检测中有着广泛应用。我们经常食用的水果在生长、采摘、运输过程中，都存在重金属污染的可能，是重金属污染的重要对象。运用原子吸收光谱法能检测水果中存在的锌、钙、钾、锰、铅、镁、镉等多种不同元素。动物性食品和我们的生活有着紧密联系，其在食品中也占有着很大比例。然而，水环境的污染导致重金属在鱼和牲畜的体内有着不同程度的积累，人体食用了这类动物性产品，会损害健康。运用原子吸收光谱法可以测定食用鱼中铅、铁、镉和铜的含量是否符合食用标准，也可用于牛奶中镉、铅、铬等元素的测定。

食品安全一线牵，健康生活每一天。对于食品安全，我们绝不能有半点马虎，要用最严谨的标准确保人民群众"舌尖上的安全"。同学们，让我们一起努力学习，用我们的专业知识和技能，为加快推进食品安全建设，构建食品安全社会贡献出我们的力量。

 笔记

3.4 项目评价

3.4.1 报告及实训结果

根据项目实施情况，完成校准报告，与检定规程的性能要求逐一对比，准确计算结果，出具校准报告，并进行自我分析与总结。

_____原子吸收光谱仪校准报告

仪器型号		
测试项目	JJG 694—2009 要求	结论
通用技术要求		
波长示值误差与重复性		
光谱带宽偏差		
基线稳定性		
边缘能量		
火焰原子化法测铜的检出限		
火焰原子化法测铜的重复性		
火焰原子化法测铜的线性误差		
石墨炉原子化法测镉的检出限		
石墨炉原子化法测镉的重复性		
石墨炉原子化法测镉的线性误差		
表观雾化率 (ε)		
背景校正能力		
检定人 / 日期：		

自我分析与总结：

已掌握内容

存在问题分析

总结

3.4.2 项目评分表

项目	考核要求与分值	评价主体			得分
		教师 70%	学生		
			自评 10%	互评 20%	
学习态度（30分）	课前资料收集整理、完成课前活动（5分）	是☐ 部分达成☐ 否☐	是☐ 部分达成☐ 否☐	是☐ 部分达成☐ 否☐	
	课中遵守纪律（不迟到、不早退、不大声喧哗等）（10分）	是☐ 部分达成☐ 否☐	是☐ 部分达成☐ 否☐	是☐ 部分达成☐ 否☐	
	课中主动参与实践理论学习（10分）	是☐ 部分达成☐ 否☐	是☐ 部分达成☐ 否☐	是☐ 部分达成☐ 否☐	
	课后认真完成作业（5分）	是☐ 部分达成☐ 否☐	是☐ 部分达成☐ 否☐	是☐ 部分达成☐ 否☐	
知识点（20分）	理解原子吸收光谱仪的技术指标（基线稳定性、检出限、重复性、线性误差、雾化率）（5分）	是☐ 部分达成☐ 否☐	是☐ 部分达成☐ 否☐	是☐ 部分达成☐ 否☐	
	熟悉原子吸收光谱仪的基本构造（5分）	是☐ 部分达成☐ 否☐	是☐ 部分达成☐ 否☐	是☐ 部分达成☐ 否☐	
	应用原子吸收光谱仪的性能检定内容（5分）	是☐ 部分达成☐ 否☐	是☐ 部分达成☐ 否☐	是☐ 部分达成☐ 否☐	
	应用原子吸收光谱仪的维护保养常识（5分）	是☐ 部分达成☐ 否☐	是☐ 部分达成☐ 否☐	是☐ 部分达成☐ 否☐	

项目	考核要求与分值	评价主体			得分
		教师 70%	学生		
			自评 10%	互评 20%	
技能点 （25分）	完成原子吸收光谱仪性能检定——基线稳定性（5分）	是□ 部分达成□ 否□	是□ 部分达成□ 否□	是□ 部分达成□ 否□	
	完成原子吸收光谱仪性能检定——火焰法测铜检出限（5分）	是□ 部分达成□ 否□	是□ 部分达成□ 否□	是□ 部分达成□ 否□	
	完成原子吸收光谱仪性能检定——重复性（5分）	是□ 部分达成□ 否□	是□ 部分达成□ 否□	是□ 部分达成□ 否□	
	完成原子吸收光谱仪性能检定——线性误差，雾化率（5分）	是□ 部分达成□ 否□	是□ 部分达成□ 否□	是□ 部分达成□ 否□	
	完成原子吸收光谱仪的维护保养（5分）	是□ 部分达成□ 否□	是□ 部分达成□ 否□	是□ 部分达成□ 否□	
素养点（15分）	积极参与小组活动（5分）	是□ 欠缺□ 否□	是□ 欠缺□ 否□	是□ 欠缺□ 否□	
	具有务实、细致、严谨的工作作风（5分）	是□ 欠缺□ 否□	是□ 欠缺□ 否□	是□ 欠缺□ 否□	
	实验中 HSE 执行情况（5分）	好□ 一般□ 不足□	好□ 一般□ 不足□	好□ 一般□ 不足□	
个人小结（10分）	在项目完成过程中及结束后的感悟（10分）	深刻□ 一般□ 差□	深刻□ 一般□ 差□	深刻□ 一般□ 差□	

注：评价标准中"是"指完全达成、完全掌握或具有；"否"指没有达成、没有掌握或不具有；"部分达成"是根据学生实际情况，酌情给分。

3.5 总结创新

3.5.1 项目巩固

（1）原子吸收光谱仪（火焰原子化器）参照检定规程，校准的具体项目有哪些？

_____

_____

_____

_____

_____

（2）如何测定和计算火焰原子吸收光谱仪的检出限？

_____

_____

_____

_____

_____

_____

_____

_____

_____

_____

_____

3.5.2 知识拓展

3.5.2.1 原子吸收光谱仪的选型

原子吸收光谱仪已广泛应用在化工冶金、生态环保和食品药品等行业领域的实验室，仪器种类越来越多。无论是采购国内品牌还是国外品牌，在具体选购过程中，应深入思考以下几点问题。①确定所采购原子吸收光谱仪的使用目的，是普通分析检测还是高精尖科学研究，应综合考虑仪器总体性能和档次层级。②确定所采购原子吸收光谱仪的应用的行业领域，应综合考虑如何减少样品测定过程中的基体效应。③确定采购的仪器拟测定试样中的元素类别，应考虑采购哪种类型原子化器的原子吸收光谱仪。④确定所采购仪器所测定的样品中被测元素含量范围，应考虑测定的准确性和选择性。⑤采购机器的经济预算。

原子吸收光谱仪的性能指标中，主要考察光学系统、火焰分析系统、火焰背景校正、石墨炉分析系统和石墨炉背景校正等。

以 TAS990AFG 为例，相应的仪器技术参数如表 3-5 所示。

表3-5　TAS990AFG原子吸收光谱仪技术参数

光学系统	波长范围	190～900nm
	单色器	消像差 C-T 型单色器装置
	光谱带宽	0.1、0.2、0.4、1.0、2.0nm；五挡自动切换
	波长准确度	±0.25nm
	波长重复精度	0.15nm
	分辨率	优于 0.3nm
	基线漂移	0.005A/30min
性能规格	特征浓度 (Cu)	0.03mg/mL
	检出限 (Cu)	0.006mg/mL
	燃烧器	金属钛燃烧器
	精密度	$RSD \leqslant 1\%$
	喷雾器	高效玻璃雾化器
	雾化室	耐腐蚀材料雾化室
	位置调节	火焰燃烧器最佳高度及前后位置自动设定
	安全措施	具有多种自动保护功能
石墨炉分析	特征量 (Cd)	0.5×10^{-12}g
	检出限 (Cd)	1.0×10^{-12}g
	精密度	$RSD \leqslant 3\%$
	加热温度范围	室温～2650℃
	加热方式	先进的石墨炉横向加热方式
	加热控温方式	干燥灰化阶段功率控制方式，原子化阶段采用光控最大功率方式
	升温方式	斜坡升温、阶梯升温、最大功率加热升温
	控温精度	＜1%
背景校正	氘灯背景校正	可校正 1A 背景
	自吸背景校正	可校正 1A 背景

3.5.2.2　原子吸收光谱仪的发展趋势

原子吸收光谱法自发现至今，经历了近 70 年的发展历程。分析方法、科学仪器与技术应用三者之间相互依存、相互促进，都获得了长足的发展。目前，原子吸收光谱法商品化仪器处于高水平技术发展阶段。各品牌的科学仪器中各个系统功能不断提高和完善，仪器自动化、智能化水平也不断提高。

而随着我国环境与食品安全等方面的要求不断提高，原子吸收光谱仪的应用范围不断扩展，市场需求持续增加。原子吸收光谱仪已经成为一种广泛应用的仪器产品。以下简单介绍原子吸收光谱仪的最新发展趋势。

（1）激光在原子吸收分析方面的应用　近年来，国内外一直有科学家致力于研究激光在原子吸收分析方面的应用。比如，在光源方面，可调谐激光可代替空心阴极灯。在原子化器方面，可用激光实现样品原子化，为微区和薄膜分析提供新手段，为难熔元素的原子化提供新方法。应用塞曼效应，使得能在很高的背景下也能顺利地实现测定。

（2）分离仪器和测定仪器联用技术　高效分离技术气相色谱、液相色谱的引入，实现分离仪器和测定仪器联用，使原子吸收光谱法发生重大变化。微量进样技术和固体直接原子吸收分析得到了人们的注意。固体直接原子吸收分析的显著优点包括：无须分解试样，不加试剂，不经任何分离和富集手续，减少了污染和损失的可能性。该分析技术对生物、医药、环境、化学等领域，检测样品量偏少时的应用价值更加凸显。

（3）仪器小型化和专用化发展　适用于现场分析的小型化原子吸收光谱分析仪器，引起国内外分析工作者的关注。随着采用电感耦合（CCD）检测器的便携式和小型台式原子发射光谱仪商品化进程，小型化原子吸收光谱分析仪器的研究受到更多关注。

📝 笔记

项目引入

　　色谱分析法（chromatography）是一种分离和分析方法，在分析化学、有机化学、生物化学等领域有着非常广泛的应用。色谱法起源于 20 世纪初，1950 年代后飞速发展，并发展出一个独立的三级学科——色谱学。色谱法的本质，即利用不同物质在两相（固定相和流动相）中具有不同的分配系数（或吸附系数），当两相作相对运动时，这些物质在两相中反复多次分配（即组分在两相之间进行反复多次的吸附、脱附或溶解、挥发过程）从而使各物质得到完全分离。

　　色谱法按流动相的不同，一般可分为气相色谱法和液相色谱法。按固定相性质和操作方式，又可分为柱色谱法、纸色谱法和薄层色谱法。按色谱分离过程的物理化学原理分类，可分为吸附色谱、分配色谱、离子交换色谱和凝胶色谱法。目前，应用最广泛的是气相色谱法和高效液相色谱法。气相色谱法是基于色谱柱能分离样品中各组分，检测器能连续响应，能同时对各组分进行定性定量的一种分离分析方法。气相色谱法具有分离效率高、灵敏度高、分析速度快、应用范围广等优点。

　　气相色谱仪（GC）属柱色谱仪，其心脏部件为色谱柱，以惰性气体作为流动相。固定相有两种，一种为固体固定相（为表面具有一定活性的固体吸附），另一种为固定液固定相（高沸点的液体有机化合物），利用固定相的吸附、溶解等特性，将样品中各组分分离。

　　气相色谱系统由气路系统、进样系统、分离系统、检测系统、数据处理系统和温度控制系统组成。而气相色谱仪一般包括气源、色谱柱、柱箱、检测器和记录仪（或色谱工作站）等。气源可提供色谱分析所需要的载气，即流动相，载气需要经过纯化和恒压的处理。

　　气相色谱仪配备的色谱柱，根据结构可以分为填充柱和毛细管柱两种。填充柱比较短粗，直径 5mm 左右，长度在 2～4m 之间。外壳材质一般为不锈钢，内部填充固定相填料。毛细管柱由玻璃或石英制成，内径不超过0.5mm，长度在15~100m之间。柱内填充填料或者涂布液相固定相。

柱箱是控制色谱柱和控制柱温度的装置，对分离效果影响较大。有时需要使用多阶程序性升温控制，以达到良好的分离效果。检测器是气相色谱仪的"眼睛"，将经色谱柱分离后顺序流出的化学组分的信息转变为便于记录的电信号，然后对被分离物质的组成和含量进行鉴定和测量。早期使用记录仪和色谱处理机记录色谱信号，现在大多通过计算机配备色谱工作站软件，辅助气相色谱仪采样和收集电压信号，并进行数据分析处理。

气相色谱仪广泛用于石油化工、高分子材料、药物、食品、环境保护等领域的定量分析中，尤其适用于待测样品中小分子组分的定量分析。

 学习指南

参考岗位实际工作过程，在收到检定（校准）任务后，按照待检型号仪器的检定规程（内部校准文件），在对目标仪器有一定的知识储备的前提下，制订检定（校准）方案，做好实验准备，完成结果处理并进行仪器性能评价的工作流程。在完成的过程中学习气相色谱仪的结构、检定（校准）的项目、仪器的维护等工作，并将理论指导实践，边做边学。

 学习目标

知识目标	技能目标	素质目标
1. 理解气相色谱仪结构及工作原理。 2. 辨别计量检定、校准和校验的差异。 3. 熟悉气相色谱仪检定规程（JJG 700—2016）。 4. 知道国内外气相色谱仪主要品牌及相关技术参数	1. 能熟练使用安捷伦7890气相色谱仪。 2. 能完成气相色谱仪的校准、维护保养和故障分析。 3. 能根据实际要求，科学选择计量检定、校准和校验操作。 4. 能评价主流品牌的气相色谱仪的技术特点	1. 结合色谱发展史，激发学生求真务实、开拓创新的科学精神。 2. 培养学生的环保、安全和健康意识。 3. 培养学生的标准意识，帮助学生养成良好实验室习惯。 4. 培养学生正确价值观和良好职业操守

4.1 相关知识准备

4.1.1 色谱法原理及气相色谱仪的结构

4.1.1.1 色谱法原理

色谱分离的基本原理是试样组分通过色谱柱时与填料之间发生相互作用，这种相互作用大小的差异使各组分互相分离而按先后次序从色谱柱后流出。

如图4-1所示，柱色谱中A、B两混合物分离过程如下。

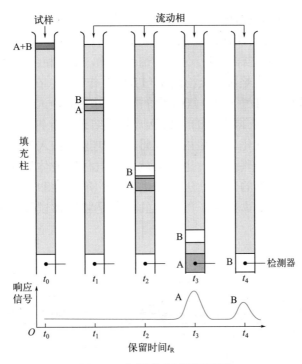

图4-1　色谱分离过程示意图

试样刚进入色谱柱时，A、B 两组分混合在一起。由于试样分子与两相分子的相互作用，它们既可进入固定相，也可以返回流动相，这个过程叫作分配。当试样进入流动相时，它就随流动相一起沿色谱柱向前移动；当它进入固定相时，就被其滞留而不再向前移动。组分与固定相分子间的作用力（吸附或溶解）越大，则其越易进入固定相，向前移动的速度就越慢；反之，组分若与流动相分子间的作用力（脱附或挥发）越大，则其越易进入流动相，向前移动的速度就越快。

经过一段时间后，若样品中 A、B 两组分的分配系数不同，则两组分逐渐分离为 B、A+B、A 几个谱带。经过连续、反复多次分配（$10^3 \sim 10^6$ 次），两组分分离成 A、B 两个谱带，实现了较好的分离。在分离过程中值得特别注意的是，组分在色谱柱柱头开始迁移时，呈现的是一条很窄的线，直到离开色谱柱时，由于自身在系统内的逐渐扩散，窄线逐渐展宽而严重影响到混合物的分离。

组分 A 进入检测器，信号被记录，在记录仪上得到色谱峰 A。

组分 B 进入检测器，信号被记录，在色谱峰 A 之后又得到色谱峰 B。

由上述分离过程可知，色谱分离是基于试样中各组分在两相间平衡分配的差异而实现的。平衡分配一般可用分配系数与容量因子来表征。

气相色谱仪
原理

4.1.1.2　气相色谱仪的结构

气相色谱仪的型号种类繁多，但它们的基本结构是一致的。它们都由气路系统、进样系统、分离系统、检测系统、数据处理系统和温度控制系统六大部分组成。

（1）气路系统　气相色谱仪中的气路是一个载气连续运行的密闭管路系统。整个气路系统要求载气纯净、密闭性好、流速稳定及流速测量准确。

气相色谱的载气是载送样品进行分离的惰性气体，是气相色谱的流动相。常用的载气为氮气、氢气 [在使用火焰离子化检测器（FID）时作燃气，在使用热导检测器（TCD）时常作为载气]、氦气、氩气（氦、氩由于价格高，应用较少）。

（2）进样系统　要想获得良好的气相色谱分析结果，首先要将样品定量引入色谱系统，并使样品有效地气化，然后用载气将样品快速"扫入"色谱柱。气相色谱仪的进样系统包括进样器和气化室。进样器就是把气体、液体样品快速、定量地加入色谱柱，以进行色谱分离的装置。进样器进样量的准确性和重复性以及样品的结构等对定性和定量分析有很大影响。气化室的作用是将液体试样瞬间气化，其结构如图 4-2 所示。

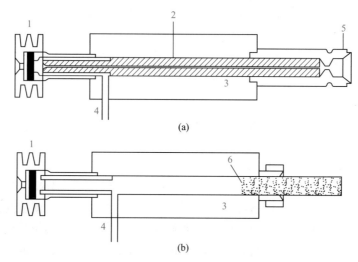

图4-2　气化室结构示意图

1—散热片；2—玻璃插入管；3—加热器；4—载气入口；5—接色谱柱；6—色谱柱固定相

一般要求气化室热容量大，保证样品瞬时气化，根据样品的沸点设定具体的气化温度。要求气化室内径和体积要小，减少样品气化过程中的扩散，以免因冷样品的注入而引起温度的变化；常用石英或玻璃作衬管，污染后可以洗涤。样品在室温下一般为固体或液体，需要用适当溶剂将其溶解后，用微量注射器取样注入气化室，受热气化后才被载气带入色谱柱分离。溶剂的选择、进样器的温度、进样的方式、进样量的大小、微量注射器针头在气化室中时间的长短、进样速度的快慢等对色谱峰都有一定的影响。

气相色谱的进样装置一般采用微量注射器和六通阀。微量注射器常用来进液体样品，气体样品常用六通阀进样。图 4-3 为六通阀进样的示意图。

（3）分离系统　分离系统主要由柱箱和色谱柱组成，其中色谱柱是核心，它的主要作用是将多组分样品分离为单一组分的样品。

在分离系统中，柱箱其实相当于一个精密的恒温箱。柱箱的基本参数有两个：一个是柱箱的尺寸，另一个是柱箱的控温参数。柱箱的尺寸主要关系到是否能安装多根色谱柱，以及操作是否方便。尺寸大一些是有利的，但太大了会增加能耗，同时增大仪器体

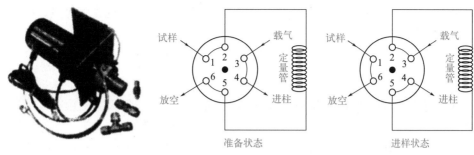

图4-3　气相色谱六通阀进样示意图

积。目前市面上的气相色谱仪柱箱体积一般不超过 15dm³。柱箱的操作温度范围一般在室温～450℃，且均带有多阶程序升温设计，能满足色谱优化分离的需要。部分气相色谱仪带有低温功能，低温一般用液氮或液态 CO_2 来实现，主要用于冷柱上进样。

色谱柱一般可分为填充柱和毛细管柱。

① 填充柱。填充柱是指在柱内均匀、紧密填充固定相颗粒的色谱柱。柱长一般在 1～5m，内径一般为 2～4mm。依据内径大小的不同，填充柱又可分为经典型填充柱、微型填充柱和制备型填充柱。填充柱的柱材料多为不锈钢和玻璃，其形状有 U 形和螺旋形，使用 U 形柱时柱效较高。

② 毛细管柱。毛细管柱又称空心柱。对比填充柱它在分离效率方面有很大的提高，可解决复杂的、填充柱难以解决的分析问题。常用的毛细管柱为涂壁空心柱（WCOT），其内壁直接涂渍固定液，柱材料大多用熔融石英，即所谓弹性石英柱。柱长一般在 25～100m，内径一般为 0.1～0.5mm。按柱内径的不同，WCOT 可进一步分为微径柱、常规柱和大口径柱。涂壁空心柱的缺点是：柱内固定液的涂渍量相应较小，且固定液容易流失。为了尽可能地增加柱的内表面积，增加固定液的涂渍量，人们又发明了涂载体空心柱（SCOT，即内壁上沉积载体后再涂渍固定液的空心柱）和属于气 - 固色谱柱的多孔性空心柱 [PLOT，即内壁上有多孔层（吸附剂）的空心柱]。其中 SCOT 柱由于制备技术比较复杂，应用不太普遍，而 PLOT 柱则主要用于永久性气体和低分子量有机化合物的分离分析。

（4）检测系统　气相色谱检测器的作用是将经色谱柱分离后顺序流出的化学组分的信息转变为便于记录的电信号，然后对被分离物质的组成和含量进行鉴定和测量。检测器是色谱仪的"眼睛"。目前气相色谱仪广泛使用的是微分型检测器，这类检测器显示的信号是组分随时间的瞬时量的变化。微分型检测器按原理的不同又分为浓度敏感型检测器和质量敏感型检测器。浓度敏感型检测器的响应值取决于载气中组分的浓度。常见的浓度型检测器有热导检测器及电子捕获检测器等。质量敏感型检测器输出信号的大小取决于组分在单位时间内进入检测器的量，而与浓度关系不大。常见的质量型检测器有火焰离子化检测器和火焰光度检测器（FPD）等。

（5）数据处理系统　数据处理系统是气相色谱分析必不可少的一部分，虽然对分离和检测没有直接的贡献，但分离效果的好坏、检测器性能的好坏，都能通过数据处理系统所收集显示的数据反映出来。所以，数据处理系统最基本的功能便是将检测器输出的模拟信号随时间的变化曲线，即色谱图画出来。

（6）温度控制系统　在气相色谱测定中，温度的控制是重要的指标，它直接影响柱的分离效能、检测器的灵敏度和稳定性。控制温度主要指对色谱柱、气化室、检测器三处的温度控制，尤其是对色谱柱的控温精度要求很高。

4.1.2 标准物质

关于标准物质的定义，最早在 1968 年第三届国际法制计量大会上颁布。经过相关国际组织多次讨论，最终在《ISO 指南 30》和《国际计量学词汇》（第二版）中对标准物质（reference material, RM）和有证标准物质（certified reference material, CRM）进行了定义。此定义也被收入我国国家计量技术规范《标准物质通用术语和定义》（JJF 1005—2016）中。

几个标准物质相关的重要概念介绍如下：

（1）标准物质（RM） 具有足够均匀和稳定的特定特性的物质，其特性适用于测量或标称特性检查中的预期用途。又可称为参考物质，可以是纯的或混合的气体、液体或固体。

（2）有证标准物质（CRM） 附有权威机构发布的文件，提供使用有效程序获得的具有不确定度和溯源性的一个或多个特性值的标准物质。又可称为有证参考物质。

（3）标准物质候选物 拟研制（生产）为标准物质的物质。

（4）基体标准物质 具有实际样品特性的标准物质。

4.1.3 安捷伦7890气相色谱仪及其使用

4.1.3.1 安捷伦7890气相色谱仪

实验室所用的气相色谱仪型号很多，但其结构一般均由六部分组成，即气路系统、进样系统、分离系统、检测系统、数据处理系统和温度控制系统。图 4-4 和图 4-5 分别为安捷伦 7890 气相色谱仪外形图和操作盘。

4.1.3.2 仪器操作步骤

（1）开机前准备 检查色谱柱安装是否正确，气路管线接头有无漏气，进样隔垫是否需要更换；确认无误后进入下一步操作。

（2）开机操作 - 打开气源 打开氮气（N_2）钢瓶总阀，并调节二级分压压力在 0.4～0.5MPa 或 40～80psi（1psi=6.895kPa）之间；打开氢气（H_2）钢瓶总阀，并调节二级分压压力在 0.4～0.5MPa 或 40～80psi 之间；打开空气（AIR）钢瓶总阀，并调节二级分压压力在 0.4～0.5MPa 或 40～80psi 之间（钢瓶总压低于 1.0MPa 时请及时换气，氮气和氢气为高纯气体，气体的纯度 ≥ 99.999%，空气为零级空气或者干燥洁净空气）。

（3）开机操作 - 开启 GC 开启色谱仪电源开关和电脑电源开关，色谱仪自检完成后启动色谱软件进行联机。根据分析要求在软件上新建分析项目，设置分析方法和仪器条件等参数。

① 点击"方法"菜单中的"仪器"进入仪器采集参数界面。

② 编辑色谱柱参数。点击"色谱柱"图标，选择与当前所用色谱柱型号一致的色谱柱信息；选择恒定压力或恒定流量模式，设置平均线速度、压力、流量等参数。

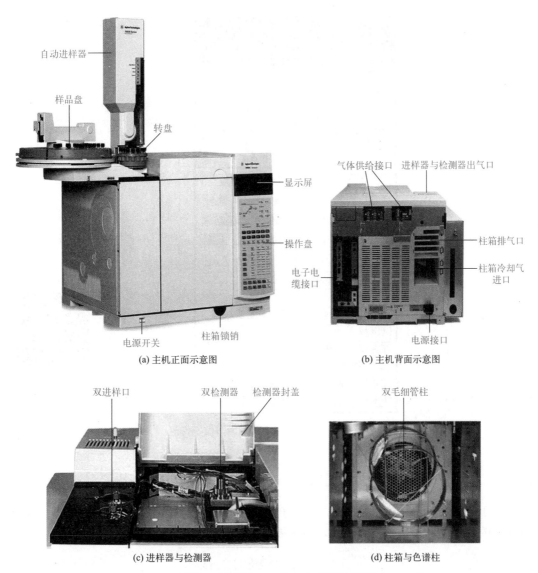

(a) 主机正面示意图   (b) 主机背面示意图

(c) 进样器与检测器   (d) 柱箱与色谱柱

图4-4 安捷伦7890气相色谱仪外形图

③ 编辑自动进样器参数。点击"自动进样器"图标，选择前进样器或后进样器，设置进样体积、清洗次数、样品清洗次数及清洗体积等。

④ 编辑进样口参数。点击"进样口"图标，进入分流/不分流参数设置页面。选择进样模式，设置分流比、进样口温度等参数。

⑤ 编辑柱箱参数。点击"柱箱"图标，设置平衡时间、最高柱箱温度、柱温等参数。

⑥ 编辑检测器参数。点击"检测器"图标，进入检测器参数设置界面，选择检测器温度等参数进行设置。

⑦ 保存所有设置。

（4）样品采集　观察基线，当基线稳定后，开始进样；开始分析测试工作，谱图处理、曲线校正等参照工作站的说明操作。

（5）关机操作 -GC 熄火/降温　待柱温降至40℃，进样口、检测器温度降至100℃以下时，退出工作站，再关仪器电源；最后关气体总阀。

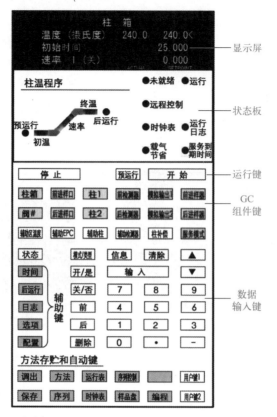

JJG 700—2016 气相色谱仪检定规程

图4-5　安捷伦7890气相色谱仪操作盘

4.1.4　气相色谱仪检定规程

关于气相色谱仪的检定，JJG 700—2016《气相色谱仪检定规程》对通用技术和计量性能的若干方面提出了检定要求，具体要求见表4-1。

表4-1　气相色谱仪检定要求

检定项目	首次检定	后续检定	使用中检定
通用技术要求	+	+	−
载气流速稳定性	+	+	−
柱箱温度稳定性	+	−	−
程序升温稳定性	+	−	−
基线噪声	+	+	+
基线漂移	+	+	+
灵敏度	+	+	+
检出限	+	+	+
定性重复性[①]	+	+	+
定量重复性	+	+	+

注：1."+"为需要检定项目；"−"为不需要检定项目。
2.经维修或更换检测器后对仪器计量性能有较大影响的，其后续检定按首次检定要求进行。
① 只适用自动进样。

针对不同类型的检测样品，气相色谱仪可以配置不同类型的检测器，各种检测器的检测原理各不相同。关于不同检测器检定项目的选择，依旧可以参考 JJG 700—2016，对不同检测器的性能及检定所需的标准物质也明确了要求，具体阐述见表4-2、表4-3。

表4-2　气相色谱仪不同检测器计量性能要求

检定项目	计量性能要求				
	TCD	ECD[①]	FID	FPD	NPD[②]
载气流速稳定性（10min）	≤ 1%	≤ 1%	—	—	—
柱箱温度稳定性（10min）	≤ 0.5%				
程序升温重复性	≤ 2%				
基线噪声	≤ 0.1mV	≤ 0.2mV	≤ 1pA	≤ 0.5nA	≤ 1pA
基线漂移（30min）	≤ 0.2mV	≤ 0.5mV	≤ 10pA	≤ 0.5nA	≤ 5pA
灵敏度	≥ 800mV·mL/mg	—	—		
检出限		≤ 5pg/mL	≤ 0.5ng/s	≤ 0.5ng/s（硫）	≤ 5pg/s（氮）
				≤ 0.1ng/s（磷）	≤ 10pg/s（磷）
定性重复性	≤ 1%				
定量重复性	≤ 3%				

① ECD 指电子捕获检测器，仪器输出信号使用赫兹（Hz）为单位时，基线噪声≤ 5Hz，基线漂移（30min）≤ 20Hz。
② NPD 指氮磷检测器。

表4-3　检定用标准物质

标准物质名称		含量	相对扩展不确定度（k=2）	用途	备注
苯 - 甲苯溶液		5mg/mL，50mg/mL	≤ 3%	TCD	液体
正十六烷 - 异辛烷溶液		(10 ～ 1000)ng/μL		FID	
甲基对硫磷 - 无水乙醇溶液		10ng/μL		FPD	
偶氮苯 - 马拉硫磷 - 异辛烷溶液	偶氮苯	10ng/μL		NPD	
	马拉硫磷				
丙体六六六 - 异辛烷溶液		0.1ng/μL		ECD	
氮（氦、氢和氩）中甲烷		(100 ～ 10000)μmol/mol		TCD	气体
		(10 ～ 10000)μmol/mol		FID	

4.1.5　气相色谱仪的维护保养

正确地维护保养仪器，可以保证气相色谱仪性能稳定、可靠。气相色谱仪的维护保养主要包括环境要求以及仪器各组成部分（气路系统，进样系统，分离系统，检测系统和温度控制系统）的保养。

（1）气相色谱仪环境要求

① 环境温度应在 5～35℃，相对湿度＜ 85%。

② 室内应无腐蚀性气体，离仪器及气瓶 3m 以内不得有电炉和火种。

③ 室内不应有足以影响放大器和记录仪（或色谱工作站）正常工作的强磁场和放射源。

④ 电网电源应为 220V（进口仪器必须根据说明书的要求提供合适的电压），电源电压的变化应在 5%～10%，电网电压的瞬间波动不得超过 5V。电频率的变化不得超过 50Hz 的 1%（进口仪器必须根据说明书的要求提供合适的电频率）。采用稳压器，其功率必须大于使用功率的 1.5 倍。

⑤ 仪器应平放在稳定可靠的工作台上，周围不得有强震源及放射源，工作台应有 1m 以上的空间位置。

⑥ 有的气相色谱仪要求有良好的接地，接地电阻必须满足说明书的要求。

⑦ 气源采用气瓶时，气瓶不宜放在室内，放室外必须防止太阳直射和雨淋。

（2）气路系统的维护与保养

① 气体管路的维护：气源至气相色谱仪的连接线应定期用无水乙醇清洗，并用干燥氮气吹扫干净。如果用无水乙醇清洗后管路仍不通，可用洗耳球加压吹洗。加压后仍无效，可考虑用细钢丝捅针疏通管路。气体自气源进入色谱柱前需要通过干燥净化管，管中活性炭、硅胶、分子筛应定期进行更换或烘干，并保证气体的纯度。

② 皂膜流量计的维护：使用皂膜流量计时要注意保持流量计的清洁、湿润，皂水或其他能起泡的液体（如烷基苯磺酸钠等）使用完毕应清洗（或吹干）后放置。

（3）进样系统的维护

① 气化室进样口的维护：由于仪器长时间的使用，硅橡胶微粒可能会积聚，造成进样口管道阻塞或气源进化不够，使进样口污染，此时应清洗进样口。

隔垫的更换

② 微量注射器的维护：微量注射器切忌用重碱性溶液洗涤，以免玻璃受腐蚀失重和不锈钢零件受腐蚀而漏水漏气。对于注射器针尖为固定式的，不宜吸取有较粗悬浮物质的溶液。一旦针尖堵塞，可用 0.1mm 不锈钢丝串通。高沸点样品在注射器内部冷凝时，不得强行多次来回抽动拉杆，以免发生卡住或磨损而造成损坏。如发现注射器内有不锈钢氧化物（发黑现象）影响正常使用时，可在

衬管的更换

不锈钢芯子上蘸少量肥皂水塞入注射器内，来回抽拉几次就可以去掉，然后再清洗即可。注射器的针尖不宜在高温下工作，更不能用火直接烧，以免针尖退火而失去戳穿能力。

③ 六通阀的维护：六通阀在使用时应绝对避免带有小颗粒固体杂质的气体进入，否则在转动阀盖时，固体颗粒会擦伤阀体，造成漏气。六通阀使用时间长，应该按照结构装卸要求进行清洗。

（4）分离系统的维护　新制备的或新安装的色谱柱使用前必须进行老化。新购买的色谱柱一定要在分析样品前先测试柱性能是否合格，如不合格可以退货或更换新的色谱柱。色谱柱使用一段时间后，柱性能可能会发生变化，当分析结果有问题时，应该用测试标样测试色谱柱，并将结果与前一次测试结果相比较。这有助于确定问题是否出在色谱柱上，以便采取相应的措施排除故障。每次测试结果都应保存起来作为色谱柱使用寿

命的记录。

色谱柱暂时不用时，应将其从仪器上卸下，在柱两端套上不锈钢螺帽（或者用一块硅橡胶堵上），并放在相应的柱包装盒上，以免柱头被污染。

每次关机前都应将柱箱温度降到室温，然后再关电源和载气，若温度过高时切断载气，则空气（氧气）会扩散进入柱管造成固定液氧化和降解。仪器有过温保护功能时，每次新安装了色谱柱都要重新设定保护温度（超过此温度，仪器会自动停止加热），以确保柱箱温度不超过色谱柱的最高使用温度，防止对色谱柱造成损伤（如固定液的流失或者固定相颗粒的脱落）和降低色谱柱的使用寿命。

（5）检测系统的维护和保养

① 热导检测器的维护和保养

a. 严格按照热导检测器的操作要求进行操作。

b. 尽量采取高纯气源，载气与样品气中无腐蚀性物质、机械性杂质或其他污染物。

c. 根据载气的性质，桥电流不允许超过额定值。在保证分析灵敏的情况下，应尽量使用低桥电流以延长钨丝的使用寿命。

d. 检测器不允许有剧烈振动。

e. 当热导池使用时间长或被污染后，必须进行清洗。

f. TCD 长期不使用时，需将进气口、出气口堵塞，以确保钨丝不被氧化。

② 火焰离子化检测器的维护和保养

a. 尽量采取高纯气源，空气必须经过 5A 分子筛充分净化。

b. 在最佳的 N_2/H_2 以及最佳空气流速的条件下使用。

c. 色谱柱必须经过严格的老化处理。

d. 离子室要注意避免外界干扰，保证使它处于屏蔽、干燥和清洁的环境中。

e. 长期使用会使喷嘴堵塞，因而造成火焰不稳、基线不准等故障，所以实际操作过程中应经常对喷嘴进行清洗。

（6）温度控制系统的维护

一般来说，温度控制系统只需要每月检查一次，就足以保证其工作性能。实际使用过程中，为防止温度控制系统受到损害，应严格按照仪器的说明书操作，不能随意乱动。

（7）整机日常使用注意事项

气相色谱仪应根据实际使用频率、测试样品种类、检测器类型、仪器性能制订相适宜的维护方案。针对气相色谱仪的日常维护，表4-4 提出了配置 FID 的气相色谱仪的周期性维护建议，可供参考。

气相色谱仪毛细管柱的安装

表4-4　GC（FID）维护表

项目		维护表	周期
外气路	钢瓶	满瓶（14±0.5）MPa，当钢瓶总压低于 1MPa，及时更换	实时
	二级分压表	二级分压压力建议 40 ～ 80psi 或 0.3 ～ 0.5MPa	实时
	气体净化器	除水，吸水后变色，120℃烘箱烘 2h 即可恢复	实时
	气路管	定期检漏	半年

续表

项目	维护表		周期
色谱主机	进样口	进样垫更换（报警气体不足、进样重复性差）	实时
		玻璃衬管更换以及清洗（重复性差、有杂峰）	实时或半年
		分流管清洗以及分流冷井更换（报警过压）	实时或1年
	柱箱-色谱柱	色谱柱安装、定期割色谱柱柱头	实时或半年
		色谱柱老化（高温赶色谱柱内杂质）	15～30天
	检测器	通喷嘴（难点火，喷嘴堵了）	实时
		高温老化检测器（检测器污染或喷嘴积炭，难点火）	实时

4.2 项目实施

4.2.1 实训方案准备

本书主要参考实验室 JJG 700—2016《气相色谱仪检定规程》，制订了校准规程，并对相关校准项目展开实施。

（1）校准设备及标准物质

① 正十六烷-异辛烷溶液：10～1000ng/μL 标准物质。

② 微量注射器：量程 10μL，最大允许误差 ±12%。

③ 铂电阻温度计：温度测量范围为不小于 300℃，最大允许误差 ±0.3℃。

④ 秒表：最小分度值不大于 0.01s。

（2）校准环境

① 温度环境：5～35℃。

② 湿度范围：20%～85%。

③ 室内不得存放与实验无关的易燃、易爆和强腐蚀的物质，应无机械振动和电磁干扰。

（3）校准项目

① 通用技术要求

a. 外观。校准前，气相色谱仪仪器应无影响其正常工作的损伤，各开关、旋钮或按键应能正常操作和控制，指示灯显示清晰正确。仪器上应标明制造单位名称、型号、编号和制造日期，国产仪器应有制造计量器具许可证标志及编号。

b. 气路系统。在正常操作条件下，用试漏液检查气源至仪器所有气体通过的接头，确保无泄漏。

② 柱箱温度校准。把温度计的探头固定在柱箱中部，设定柱箱温度为 70℃。待仪器温度稳定后，连续测量 10min，每分钟记录一个数据。按式（4-1）计算柱箱温度稳定性 Δt_1。

$$\Delta t_1 = \frac{t_{max} - t_{min}}{\bar{t}} \times 100\% \qquad (4-1)$$

式中　t_{max}——温度测量的最高温度，℃；

$t_{\min}$——温度测量的最低温度，℃；

$\bar{t}$——温度测量的平均温度，℃。

注：对于采用密封式柱箱的仪器不做此项。

③ 程序升温重复性校准。 把温度计的探头固定在柱箱中部，选定初温 60℃，终温 200℃，升温速率 10℃/min。待初温稳定后，开始程序升温，每分钟记录数据一次，直至达到终温。此实验重复 3 次，按式（4-2）计算出相应点的相对偏差，取其最大值为程序升温重复性 Δt_2。

$$\Delta t_2 = \frac{t'_{\max} - t'_{\min}}{\bar{t}'} \times 100\% \qquad (4-2)$$

式中 $t'_{\max}$——相应点的最高温度，℃；

$t'_{\min}$——相应点的最低温度，℃；

$\bar{t}'$——相应点的平均温度，℃。

注：对于没有程序升温功能的气相色谱仪不做此项。

④ 检测器性能。表 4-5 列出了实验室配置有不同类型检测器的气相色谱仪在进行检测器性能检定时测试条件的要求，测试时可参考表 4-5 中的条件设置方法参数。

表4-5　不同GC检测器性能校准的测试条件

设备及项目	检测器及检定条件				
	TCD	ECD	FID	FPD	NPD
色谱柱	液体检定：5% OV-101[①]，（80～100）目白色硅烷化载体（或其他能分离的固定液和载体）填充柱或毛细柱 气体检定：（60～80）目分子筛或高分子小球的填充柱或毛细柱				
载气种类	H_2、N_2、He	N_2	N_2	N_2	N_2
燃气	—	—	H_2，流速选适当值	H_2，流速选适当值	H_2
助燃气	—	—	空气，流速选适当值	空气，流速选适当值	空气
柱箱温度	70℃左右，液体检定 50℃左右，气体检定	210℃左右	160℃左右，液体检定 80℃左右，气体检定	210℃左右，液体检定 80℃左右，气体检定	180℃左右
气化室温度	120℃左右，液体检定 120℃左右，气体检定	210℃左右	230℃左右，液体检定 120℃左右，气体检定	230℃左右	230℃左右
检测室温度	100℃左右	250℃左右	230℃左右，液体检定 120℃左右，气体检定	250℃左右	230℃左右

注：1. 毛细柱检定采用仪器说明书推荐的载气流速和补充气流速。
2. 在 NPD 检定前先老化铷珠，老化方法参考仪器说明书。
① 5%OV-101 指填充柱中的聚二甲基聚硅氧烷的重量占比是所有填料的 5%。

a. 热导检测器（TCD）

（a）噪声和漂移。按表 4-5 中的校准条件设定，记录基线 30min，选取基线中噪声最大峰 - 峰高对应的信号值为仪器的基线噪声；基线偏离起始点最大的响应信号值为仪器的基线漂移。

（b）灵敏度。根据仪器进样系统选择使用液体或气体标准物质中的一种进行检定。

使用液体标准物质检定时，按表 4-5 中的条件设定，待基线稳定后，用微量注射器注入（1～2）μL 浓度为 5mg/mL 或 50mg/mL 的苯 - 甲苯溶液，连续测量 7 次，记录苯峰面积。

$$S_{\text{TCD}} = \frac{AF_c}{W} \qquad (4\text{-}3)$$

式中 S_{TCD}——TCD灵敏度，mV·mL/mg；

      A——苯峰面积算术平均值，mV·min；

      W——苯的进样量，mg；

      F_c——校正后的载气流速，mL/min。

  b．火焰离子化检测器（FID）

按表 4-5 中的校准条件设定，记录基线 30min，选取基线中噪声最大峰 - 峰高对应的信号值为仪器的基线噪声；基线偏离起始点最大的响应信号值为仪器的基线漂移。

载气流速的校正

检出限根据仪器进样系统选择使用液体或气体标准物质中的一种进行检定。

使用液体标准物质检定时，参考表 4-5 中的校准条件设定方法参数，待基线稳定后，用微量注射器注入（1～2）μL 浓度范围为（10～1000）ng/μL 的正十六烷 - 异辛烷溶液，连续测量 7 次，记录正十六烷峰面积。

使用气体标准物质检定时，同样参考表 4-5 中的校准条件设定方法参数，待基线稳定后，用微量注射器注入（1～2）μL 浓度范围为（10～10000）μmol/mol 的甲烷气体标准物质，连续测量 7 次，记录甲烷峰面积。

检出限按式（4-4）计算。

$$D_{\text{FID}} = \frac{2NW}{A} \qquad (4\text{-}4)$$

式中 D_{FID}——FID检出限，g/s；

      N——基线噪声，A 或 mV；

      W——正十六烷的进样量，g；

      A——正十六烷峰面积的算术平均值，A·s 或 mV·s。

⑤ 定性、定量重复性检定。仪器的定性和定量重复性以连续测量 7 次溶质的保留时间和峰面积的相对标准偏差 RSD 表示，相对标准偏差 RSD 按式（4-5）计算：

$$RSD = \sqrt{\frac{\sum_{i=1}^{n}\left(x_i - \bar{x}\right)^2}{n-1}} \times \frac{1}{\bar{x}} \times 100\% \qquad (4\text{-}5)$$

式中 RSD——定性（定量）测量重复性相对标准偏差；

      n——测量次数；

      x_i——第 i 次测量的保留时间或峰面积；

      $\bar{x}$——7 次进样的保留时间或峰面积算术平均值；

      i——进样序号。

（4）性能要求   关于气相色谱仪的性能评价，JJG 700—2016《气相色谱仪检定规程》对其作出了明确的要求，本教材中将列举的 TCD 和 FID 的两类检测器的性能及 GC 其他检定项的性能要求汇总至表 4-6 中。

表4-6 部分GC检测器（TCD和FID）性能检定项及其计量性能要求

检定项目	计量性能要求	
	TCD	FID
载气流速稳定性（10min）	$\leqslant 1\%$	—
柱箱温度稳定性（10min）	$\leqslant 0.5\%$	
程序升温重复性	$\leqslant 2\%$	
基线噪声	$\leqslant 0.1mV$	$\leqslant 1pA$
基线漂移（30min）	$\leqslant 0.2mV$	$\leqslant 10pA$
灵敏度	$\geqslant 800mV \cdot mL/mg$	—
检出限	—	$\leqslant 0.5ng/s$
定性重复性	$\leqslant 1\%$	
定量重复性	$\leqslant 3\%$	

注：仪器输出信号使用赫兹（Hz）为单位时，基线噪声$\leqslant$5Hz，基线漂移（30min）$\leqslant$20Hz。

📝 **笔记**

4.2.2 气相色谱仪的校准

结合 4.2.1 中校准规程的要求，准备好所需的试剂和仪器，并根据要求，完成气相色谱仪检测器基线噪声、基线漂移、检出限、定性（定量）重复性等项目的校准，准确填写校准记录。

校准步骤	校准记录
1．试剂与仪器准备	校准仪器检测器类型： 标准溶液： 名称：_____ 有效期：_____ 厂家及批号：_____ 浓度：_____ 色谱柱型号及规格： 进样针规格：_____
2．检查仪器 应无影响其正常工作的损伤，各开关、旋钮或按键应能正常操作和控制，指示灯显示清晰正确。仪器上应标明制造单位名称、型号、编号和制造日期，国产仪器应有制造计量器具许可证标志及编号	外观正常无损：□是　　　□否 制造单位：_____ 型号：_____
3．实训的方法条件	色谱柱型号 / 流速 / 进样口温度 / 分流比 / 柱箱温度 / 载气类型 / 检测器温度 / 检测器类型 / 其他
4．基线噪声 按照 FID 的检定条件进行设置，记录基线 30min，选取基线中噪声最大峰-峰高对应的信号值为仪器的基线噪声	
5．基线漂移 按照 FID 的检定条件进行设置，记录基线 30min，选取基线偏离起始点最大的相应信号值为仪器的基线漂移	

续表

校准步骤	校准记录
6. 检出限 检出限计算为（以 FID 为例）： $$D_{\text{FID}} = \frac{2NW}{A}$$ 式中，D_{FID} 为 FID 检出限，g/s；N 为基线噪声，A 或 mV；W 为正十六烷的进样量，g；A 为正十六烷峰面积的算术平均值，A·s 或 mV·s	按照_____检测器的检定条件进行设置，待基线稳定后，用微量注射器注入_____μL 浓度为_____的_____，连续进样 7 次，记录_____峰面积。
7. 定性和定量重复性 仪器的定性和定量重复性以连续测量 7 次溶质的保留时间和峰面积测量的相对标准偏差 RSD 表示。 $$RSD = \sqrt{\frac{\sum_{i=1}^{n}\left(x_i - \bar{x}\right)^2}{n-1}} \times \frac{1}{\bar{x}} \times 100\%$$ 式中，RSD 为定性（定量）测量重复性相对标准偏差；n 为测量次数；x_i 为第 i 次测量的保留时间或峰面积；$\bar{x}$ 为 7 次进样的保留时间或峰面积算术平均值	
8. 其他	

表格内容（步骤6对应校准记录）：

进样次数	1	2	3	4	5	6	7
_____峰面积 /（mV·s）							
峰面积算术平均值 /（mV·s）							
基线噪声 /mV							
_____进样量 /g							
D____（_____）							

表格内容（步骤7对应校准记录）：

进样次数	1	2	3	4	5	6	7	RSD
保留时间 /min								
峰面积 /（mV·s）								

定性重复性：_____

定量重复性：_____

4.2.3　气相色谱仪的故障排查

当使用气相色谱遇到故障／问题时，常见的排查思路主要包括三个方面：仪器维护排查、操作因素排查和流路分段排查。

（1）仪器维护排查　仪器维护排查主要指的是定期对仪器常用的耗材及部件进行检查、更换和维护。常见的耗材维护包括气体净化装置（除水、除氧和除烃装置）、进样口进样垫（进样隔垫）、衬管、O形圈、分流部件（分流平板、毛细柱适配器）和分流捕集阱等，仪器部件维护则主要包括色谱柱的老化、FID喷嘴、收集极的清洗、ECD的高温老化等。气相色谱仪日常维护方法可参考表4-7。

表4-7　气相色谱仪日常维护表

项目	维护周期	描述	备注
载气	压力：每天 净化器：根据需要	清洗钢管 干燥器 脱氧管	使用99.999%（或更纯）的载气 使用金属净化器
进样口	根据进样体积合理安排	隔垫 衬管 橡胶O形环 分流板 密封圈	使用低流失隔垫 使用适当的衬管，清洗或更换分流板
色谱柱	根据需要	使用低流失交联柱，柱子接质谱（MS）前必须老化	色谱柱在不使用时要安全保存起来
垫圈	进样口：根据需要更换 GC/MS 接口：更换柱子时更换垫圈	不得在GC/MS接口使用100%石墨垫圈 不得过度拧紧	—
检测器	一年	清洗检测器 调节电子流量控制（EPC）压力传感器零点 再生或更换内部和外部捕集管及化学过滤器	—

对于仪器使用而言，除定期开展维护保养之外，最重要的是建立良好的使用习惯。以衬管、进样隔垫和O形圈为例：可以在仪器上设置进样次数的提示；或根据使用频率做好使用台账，或者规定每天、每周或者每月的第一天进行更换。

（2）操作因素排查　良好的仪器使用和维护保养习惯，可以为故障排查节省时间和精力。除此之外，当仪器出现故障／问题时，可以从操作因素开始排查，即考虑仪器最近有哪些操作。如更换了色谱柱之后仪器不出峰，可以考虑是否色谱柱在进样口端和检测器端安装长度不对；如更换了载气钢瓶之后检测器基线噪声大，可以考虑是否气体净化装置需要更换，载气纯度是否不佳。

对于使用机械阀控制气体流量的气相色谱仪而言，由于调整分析参数（如流量）过程中需要手动调节机械阀旋钮来改变流量，因此一定要注意参考厂家的机械阀圈数-流量曲线图／表，避免操作不当带来问题。

（3）流路分段排查　对于一些产生原因故障点不太明确的问题，比如能够知道是仪器污染、仪器漏气，但是污染点、漏气点却不好判断的情况，常见的操作是采用流路分段排查，即逐段分析，判断故障点。

例如采用热解吸 - 气相色谱法分析苯系物时不出峰，常见的原因是系统漏气，如果采用流路分段排查进行漏气点寻找，首先可以在气相色谱进样口直接进样观察是否出峰，如果直接进样出峰，则说明故障点在热解吸装置而非气相色谱（如进样口漏气等），这样可缩小排查范围。之后，再对热解吸装置的各个密封点进行检漏，可以大大加快故障排查速度。

另外的例子，如石油烃的测定，仪器分析样品之后，空白运行有大量的残留峰，即使更换衬管、进样垫之后仍然没有改善，说明仪器有残留污染。污染位置排查可采用如下方法：首先取下检测器端的色谱柱并使用堵头堵死检测器下端进行 FID 点火后的动态基线观察，如果基线正常说明检测器无问题；然后取下色谱柱在另外仪器上进行空白运行，如果空白运行无残留峰说明色谱柱无问题；以上情况说明污染存在于进样口，最后需要对进样口的衬管、分流平板、分流捕集阱乃至管路进行清洗。

峰形异常、点火困难（FID）、基线不稳定、检测器灵敏度低、保留值漂移、峰面积重复性差是气相色谱仪的常见故障，表 4-8 总结了这些常见故障及解决方法。

表4-8　气相色谱仪故障的分析与排除

故障现象	可能原因	排除方法
电源不通	插头接触不好	检查各插头是否插紧，进行处理
	电源的保险丝烧断	更换电源的保险丝
	仪器保险丝烧断	更换仪器的保险丝
进样后不出峰	记录器或检测器没有工作	检查记录器及信号线有无问题，检测器有无信号输出
	样品没有气化	升高气化温度
	色谱柱断裂堵塞、管道漏气	排除漏气及堵塞
	注射器堵塞或漏气	修理或更换注射器
	气化室堵塞或吸附	清理气化室，净化气化室插管
	柱温太低	升高柱箱温度
色谱柱出口无气体或气体流出后不出峰	色谱柱折断	从色谱柱出口向入口逐段试漏，找出漏气部位，进行处理
	载气分流过大	调整分流
	隔热垫漏气	换垫
	气化室有破碎隔热垫堵住	清理气化室
	检测器喷口堵塞	清理喷口
色谱箱、检测器、气化室不升温	未通电或加热元件、测温元件烧断	检查电源，更换加热元件、测温元件
	温控的元件有故障	更换损坏的部件或更换温控板
点不着火	喷嘴堵塞	排除堵塞物或更换喷嘴
	点火装置有故障	修理点火装置
	进入检测器的燃烧气与助燃气的比例问题	点火时氢气流量应加大些并调整气体比例
	氢气管路漏气或气瓶压力不足	排除漏气现象或更换气瓶
	气体阀门堵塞	清理阀门

故障现象	可能原因	排除方法
基线不能调零	基流太大	排除造成基流大的原因（如气体不纯、固定液流失、燃烧气量过大）
	检测器或放大器有故障	检查检测器与放大器的参数和元件是否正常，改正参数或更换元件
	TCD 的桥臂不平衡	更换 TCD 的加热丝
	FID 的喷口局部堵塞	排除堵塞物
	信号线短路	排除短路
基线出现小毛病	电源受干扰	排除有干扰的用电设备
	接地不良	检查地线，绝不能用零线代替地线
	载气管路中有凝聚物	加热管路，吹除管道中凝聚物或清洗管道
	气路有固体颗粒进入检测器	气路出口加玻璃毛或烧结不锈钢
	柱子载体颗粒进入检测器	填充柱后加玻璃毛
基线抖动	放大器或记录器的灵敏度过高 TCD 电桥的电流过高	适当降低放大器或记录器的灵敏度 减小电流量
	FID 的燃烧气量过大	减小燃烧气流量
	阀中有固体，造成气流有脉冲	清洗阀
	载气不纯	更换净化器
基线波动	炉温控制不当	采取相应措施
	载气控制不当	调整载气的控制
	TCD 电桥的电流不稳	检查 TCD 的电源
	使用氢气发生器时氢气波动过大	调整氢气发生器的工作电流，控制产气与用气基本平衡
基线漂移	系统未稳定或漏气	等待温度达到平衡，排除泄漏
	气瓶压力不足	更换气瓶
	放大器失灵	检修放大器
	TCD 元件失灵	更换 TCD 元件
	固定液受热流失或未老化好	降低柱温，老化柱子
峰前出现负的尖端	进样量过大	减少进样量
	检测器被污染	清洗检测器
	有漏气	排除漏气
峰尾出现负的尖峰	检测器超负荷	减少进样量
	检测器被污染尤其是 ECD	清洗检测器
出现负峰	ECD 的放射源被污染	清理或更换放射源
	记录器输入线接反	改正电源接线或信号导向
	载气或燃烧气不纯	更换气体或净化器
	用热导检测器时使用氮气作为载气部分组分出负峰	改用氢气或氦气作为载气
出峰后基线下降	进样量过大	减少进样量
	燃烧气减少	排除燃烧气减少的原因
	进样垫漏气	换垫

故障现象	可能原因	排除方法
前伸峰	进样量过大	减少进样量、增加固定相含量、增加分流比
	柱温过低	提高柱温
	进样技术欠佳	改进进样技术
	色谱柱不良	更换色谱柱
	样品分解	采用失活进样衬管、调低进样器温度或排除分解的原因
	两种化合物共洗脱	减少进样量或使柱温降低 10 ~ 20℃以使峰分开；或换色谱柱
圆头峰或平头峰	采集系统饱和	改变采集系统量程、减少进样量，或增加放大器衰减减少放大器的信号输出
	检测器达到饱和	减少进样量或增加分流
	放射源 ECD 被污染	按要求清洗
峰形不平滑	放大器或采集系统的灵敏度过高	适当降低放大器或采集系统的灵敏度
	气流不稳使火焰跳动	调整气体流速
	燃烧气与助燃气比例不当	调整气体流量的比例
基线呈台阶状	气流管路中有障碍物，使气流周期性脉动	清除障碍物
	直流电器的开关信号造成的影响	用屏蔽线将其隔开
峰分不开	柱温过高	降低柱温
	柱长不够	增加柱长
	固定液已流失过多	更换色谱柱
	固定液或载体选择不当	另选固定相重做色谱柱
	载气流速太高	降低载气流速
FID 灵敏度逐渐降低	由于流失的聚硅氧烷固定相在 FID 燃烧后造成白色 SiO_2 附着于收集极	清洗喷嘴和收集极
	燃气压力不足	更换气瓶
ECD 灵敏度逐渐降低	放射源受到污染	使用高纯载气，勿使污染物进入检测器
	放射源逸失	检测器使用温度不可太高，严重的需要更换放射源
	净化器失效	更换净化器
保留值正常，峰面积变小	进入进样器的样品量小	排除漏气
	放大器、记录器衰减改变	调节衰减
	柱吸附	采取相应措施排除柱吸附
	样品反闪	减少进样量，降低气化温度，换大衬管，加大分流
	进样不重复	改善进样技巧
	燃气不足	换瓶
峰高比例不正常	进样口中色谱柱的位置不正常	按说明书尺寸安装色谱柱
	分流的歧视效应	消除歧视效应
ECD 进样增加，峰高不变而峰宽增加	进样超载	减少进样或稀释样品

故障现象	可能原因	排除方法
保留时间延长，峰面积变小	柱温变低	增加柱温
	载气流速变慢	调整载气流速
	漏气	克服漏气
程序升温时基线双移	色谱柱未老化好	进行色谱柱老化
	载气流速不平衡	调节两根柱子流速使之平衡
	柱子被污染	重新老化或更换色谱柱
保留值不重复	进样技术不佳	提高进样技术
	漏气、特别有微漏	进样口橡皮垫要经常换，特别是在高温情况下
	载气流速控制不好	增加柱入口处压力
	柱温未达到平衡，柱温控制不好	柱温升至工作温度后还应有一段时间平衡
	程序升温中，升温重复性欠佳	检查炉子封闭情况
	程序升温过程中，流速变化较大	每次重新升温时，应用足够的等待时间，使起始温度保持一致
	进样量太大	减少进样量或用适当溶剂将样品稀释
	柱温过高，超过了固定液的上限或太靠近温度下限	重新调节柱温
	极性物质拖尾影响，色谱柱破损	更换色谱柱
	柱降解	截去毛细管柱头，或倒空填充柱柱头，或更换柱子
宽峰	采用溶剂效应时聚焦不足	降低起始柱温
	载气流速太高或太低	调整柱流量
	分流流速太低	增加分流流量
	进样口吸附	更换衬管，移去填充物，增加进样温度
	柱过载	减少进样量，增加分流比或用厚液膜柱
	进样技术不佳	快速平稳进样
	柱安装不当	重新装柱
鬼峰、基线波动	样品反闪	降低进样量，降低进样口温度，用大容量衬管，加大载气速度
	隔垫降解	降低进样口温度，更换高温隔垫
	色谱柱污染	老化色谱柱
	气化室污染	清洗气化室
丢峰、新峰产生	气化温度太高	降低气化温度
	进样口脏	清洗更换衬管
	与金属接触	换玻璃衬管、玻璃柱
	停留时间太长	增加流速
	化合物易变	衍生化样品，使用冷柱头
	活性的保留间隙	更换或简化保留间隙
	色谱柱污染	清洗或更换色谱柱
迟洗脱物的峰面积低	溶剂沸点太低	使用高沸点溶剂

续表

故障现象	可能原因	排除方法
分裂峰	密封垫泄漏	更换密封垫
	二次进样	提高进样技术
	溶剂和柱不匹配	换溶剂或用一个保留间隙
	溶剂和主要成分相互作用	换溶剂
溶剂峰拖尾	色谱柱在进样口端位置不正确	重接色谱柱
	载气气路中有密封垫的颗粒	清理载气气路
拖尾峰	样品与衬管或色谱柱发生吸附作用	更换衬管，采用减活玻璃毛。如果不能解决问题，就将柱进样器端去掉1～2圈，再重新安装
	柱或进样器温度太低	升温（不要超过柱最高温度）。进样器温度应比样品最高沸点高25℃
	两个化合物共洗脱	提高灵敏度，减少进样量，柱温降低10～20℃
	柱损坏	更换色谱柱以使峰分开
	柱污染	从柱进样口端去掉10cm左右，重新安装，老化色谱柱
	色谱柱选用不合适	更换色谱柱
	系统死体积太大	改进气路系统、减小死体积或柱后加尾吹气
	进样技术欠佳	提高进样技术
	金属填充柱吸附	改用填充玻璃柱
假峰	柱吸附样品，随后解吸	更换衬管，如不能解决问题，再从柱进样口端去掉1～2圈，重新安装
	注射器进样量太大，形成倒灌	换新的注射器及干净的溶剂，如假峰消失，清洗注射器，减小进样量
	进样技术太差（进样太慢）	采用快速平稳的进样技术
只有溶剂峰	注射器有问题	用新注射器验证
	不正确的载气流速（太低）	检查流速，如有必要，进行调整
	样品浓度太低	注入已知样品，如果结果很好，就提高灵敏度或加大注入量
	柱箱温度过高	检查柱箱温度，根据需要进行调整
	柱不能从溶剂峰中解吸出组分	更换成较厚涂层或不同极性的色谱柱
	载气泄漏	检查泄漏处
	样品被柱子或进样衬管吸附	更换衬管，如不能解决问题，就从柱进样口端去掉1～2圈，并重新安装

拓展学习资料4 安捷伦GC和GC/MS维护计划

4.3 思政微课堂

保卫蓝天在行动

VOCs 是挥发性有机化合物的简称，根据世界卫生组织（WHO）的定义，VOCs 是指在常温下，沸点 $50\sim260℃$ 的各种有机化合物。

VOCs 不仅对人类的健康造成严重的直接危害，也是 PM2.5 重要的前体物质以及光化学烟雾的重要前驱体。因此，要提高人类赖以生存的大气环境质量，首先要减少 VOCs 的排放量。VOCs 的来源广泛，主要来源于固定污染源的排放。其中，固定污染源主要来自石油化工、电子、皮革、喷涂、印染等工业。在"十二五"建设期间，政府着力建设 VOCs 在线监测网络，主要监测环境空气、重点污染源以及重点水源，已逐步形成在环境监测领域的基本网络。"十三五"建设期间，重点以提高环境质量为核心，从环保部门大力推进气、水、土"三大战役"，并对现有的环境治理进行评估和检验。而对环境空气以及固定污染源的监测，是最有效的评估和检验手段之一。同样，《"十四五"生态环境保护规划》面向美丽中国远景建设目标提出了环境治理、应对气候变化、环境风险防控、生态保护 4 个方面的目标指标，明确推动绿色低碳发展、控制温室气体排放、改善大气环境等一系列重点任务，部署了若干与目标指标、重点任务相匹配的重大工程。相关的环境空气以及固定污染源的监控措施必然离不开在线环境监测系统的支持，必定要依赖于在线环境监测系统。

在线环境监测系统中的核心之一就是气相色谱仪，系统通过定量环或热脱附方式进样，并将真空采样泵引入样品到色谱柱中进行分离，再进入检测器进行信号采集，最后，通过色谱软件进行定性与定量分析。随着大气污染问题的日益严重和复杂，大气污染检测工作面临着巨大挑战，气相色谱仪具有高效、快速准确的监测能力，充当了"蓝天卫士"的角色。

党的二十大报告也指出，中国式现代化是人与自然和谐共生的现代化。再次明确了新时代中国生态文明建设的战略任务，总基调是推动绿色发展，促进人与自然和谐共生。更加强调了，要推进美丽中国建设，坚持山水林田湖草沙一体化保护和系统治理，统筹产业结构调整、污染治理、生态保护、应对气候变化，协同推进降碳、减污、扩绿、增长，推进生态优先、节约集约、绿色低碳发展。

总之，打好污染防治攻坚战，需要下更大决心、采取更有力措施，加大污染防治力度，使主要污染物排放总量大幅减少，生态环境质量总体改善，实现打赢蓝天保卫战。让我们携起手来，一起努力，像保护眼睛一样保护生态环境，像对待生命一样对待生态环境，让我们在宁静、和谐、美丽的环境下实现共进共赢。

📝 笔记

4.4 项目评价

4.4.1 报告及实训结果

根据项目实施情况，完成校准报告，并进行自我分析与总结。

_____气相色谱仪校准报告

仪器型号：		
测试项目	要求	结论
基线噪声		□满足　□不满足
基线漂移		□满足　□不满足
检出限		□满足　□不满足
定性重复性		□满足　□不满足
定量重复性		
校准人 / 日期：		

自我分析与总结：

已掌握内容

存在问题分析

总结

4.4.2 项目评分表

项目	考核要求与分值	评价主体			得分
		教师 70%	学生		
			自评 10%	互评 20%	
学习态度（30分）	课前资料收集整理、完成课前活动（5分）	是□ 部分达成□ 否□	是□ 部分达成□ 否□	是□ 部分达成□ 否□	
	课中遵守纪律（不迟到、不早退、不大声喧哗等）(10分)	是□ 部分达成□ 否□	是□ 部分达成□ 否□	是□ 部分达成□ 否□	
	课中主动参与实践理论学习（10分）	是□ 部分达成□ 否□	是□ 部分达成□ 否□	是□ 部分达成□ 否□	
	课后认真完成作业（5分）	是□ 部分达成□ 否□	是□ 部分达成□ 否□	是□ 部分达成□ 否□	
知识点（20分）	理解气相色谱仪的技术指标（噪声、漂移、检出限、定性定量重复性）（5分）	是□ 部分达成□ 否□	是□ 部分达成□ 否□	是□ 部分达成□ 否□	
	熟悉气相色谱仪的基本构造（5分）	是□ 部分达成□ 否□	是□ 部分达成□ 否□	是□ 部分达成□ 否□	
	应用气相色谱仪的性能检定内容（5分）	是□ 部分达成□ 否□	是□ 部分达成□ 否□	是□ 部分达成□ 否□	
	应用气相色谱仪的维护保养常识（5分）	是□ 部分达成□ 否□	是□ 部分达成□ 否□	是□ 部分达成□ 否□	

续表

项目	考核要求与分值	评价主体			得分
		教师 70%	学生		
			自评 10%	互评 20%	
技能点 （25分）	完成气相色谱仪性能检定——检出限（5分）	是□ 部分达成□ 否□	是□ 部分达成□ 否□	是□ 部分达成□ 否□	
	完成气相色谱仪性能检定——噪声及漂移（5分）	是□ 部分达成□ 否□	是□ 部分达成□ 否□	是□ 部分达成□ 否□	
	完成气相色谱仪性能检定——定性定量重复性（10分）	是□ 部分达成□ 否□	是□ 部分达成□ 否□	是□ 部分达成□ 否□	
	完成气相色谱仪的维护保养（5分）	是□ 部分达成□ 否□	是□ 部分达成□ 否□	是□ 部分达成□ 否□	
素养点 （15分）	积极参与小组活动（5分）	是□ 欠缺□ 否□	是□ 欠缺□ 否□	是□ 欠缺□ 否□	
	具有务实、细致、严谨的工作作风（5分）	是□ 欠缺□ 否□	是□ 欠缺□ 否□	是□ 欠缺□ 否□	
	实验中 HSE 执行情况（5分）	好□ 一般□ 不足□	好□ 一般□ 不足□	好□ 一般□ 不足□	
个人小结 （10分）	在项目完成过程中及结束后的感悟（10分）	深刻□ 一般□ 差□	深刻□ 一般□ 差□	深刻□ 一般□ 差□	

注：评价标准中"是"指完全达成、完全掌握或具有；"否"指没有达成、没有掌握或不具有；"部分达成"是根据学生实际情况，酌情给分。

4.5 总结创新

4.5.1 项目巩固

（1）产生拖尾峰的原因有哪些？

_____

_____

_____

_____

_____

_____

_____

_____

（2）如何进行气相色谱仪进样口的维护？

_____

_____

_____

_____

_____

_____

_____

_____

4.5.2 拓展知识

4.5.2.1 气相色谱仪的选型

气相色谱仪的型号种类繁多，但他们的基本结构是一致的，都由气路系统、进样系统、分离系统、检测系统、数据处理系统和温度控制系统六大部分组成。但如何能够采购到一台合适的高性价比仪器，还是需要考虑诸多因素的。

首先，需要考虑分析样品的情况。分析样品本身的组成和状态，是气态、液态、固态还是混合态，判断样品是否能进行直接进样分析，选取合适的进样系统；分析被测组分的热稳定性，是否易分解，还是易发生催化反应，以及时间、温度、压力等变化是否会引起待测组分的变化，来选择合适的进样系统；根据允许样品的消耗量、每天需要分析样品的次数、分析的间隔时间，统筹考虑选择合适的进样方式。

同时，还需要考虑分析的目的。根据样品的分析目的（是做定性分析还是定量分析），被测组分是否已知、是否有标准物质，定量分析的样品的含量范围，需要的定量精度和分析准确性等要求，选择合适的仪器。

125

此外，也可以通过查阅分析样品的有关参考资料，如国标、行标、企标等文献，参考标准中需要的仪器要求进行采购。

检测器是测量经色谱柱分离后顺序流出物质成分或浓度变化的器件，相当于色谱仪的"眼睛"。检测器的选择也是气相色谱仪选择的关键，检测器性能的好坏直接影响到色谱仪性能。表4-9列出了气相色谱仪检测器的检测原理和应用范围。

表4-9　气相色谱仪检测器原理和应用范围

检测方法	检测器	工作原理	应用范围
物理常数法	热导检测器（TCD）	热导率差异	所有化合物
气相电离法	火焰离子化检测器（FID）	火焰电离	有机物
	氮磷检测器（NPD）	热表面电离	氮、磷化合物
	电子捕获检测器（ECD）	化学电离	电负性化合物
	光离子化检测器（PID）	光电离	所有化合物
光度法	原子发射检测器（AED）	原子发射	多元素
	火焰光度检测器（FPD）	分子发射	硫、磷化合物
	傅里叶变换红外光谱（FTIR）	分子吸收	红外吸收化合物
	紫外 - 可见光检测器（UVD）	分子吸收	紫外吸收化合物
电化学法	电导检测器（ELCD）	电导变化	卤、硫、氮化合物
质谱法	质量选择检测器（MSD）	电离和质量色散	所有化合物

具体而言，在气相色谱仪选购过程中，可以按照表4-2中所列出的各项性能指标，对各品牌的仪器进行横向比较。当然，也有一些在业界相对比较知名的品牌，比较高端的品牌如安捷伦（Agilent）公司，Agilent 5890/6890/7820/7890都具有很好的市场信誉；中端的品牌如岛津公司，岛津 14A/14B/14C 系列也具有较高的市场占有率。国产品牌如浙江福立、上海天美等。在实际采购中，可以通过综合比较仪器的性能 / 价格比、操作性、维修服务质量等决定采购仪器的品牌和型号。

4.5.2.2　气相色谱仪发展趋势

早期的气相色谱仪由于电子技术水平及材料科学的限制，使得当时的色谱技术受到了很大的局限，如程序升温、程序升压等现在轻而易举的技术手段在当时认为是非常麻烦和不实用的。

随着电子技术和材料科学的发展，不仅强化了气相色谱仪的功能，也极大地丰富了应用气相色谱仪技术的方法和手段，更给设计师的设计思想带来了深刻的影响，快速地推动了气相色谱仪的进步。

为此，按照技术发展趋势，未来气相色谱仪的技术发展路线，将展现出全新的格局。

（1）计算机成为标准配置　由于计算机技术的广泛运用，计算机将成为气相色谱仪的标准配置。目前在气相色谱仪上常见的控制面板将被取消，只在侧面保留少数气体流量开关。仪器各部件的运行参数完全由计算机控制，气相色谱仪的体积将更小，结构更简单，成本更低。

（2）灵活更换的功能模块　目前，气相色谱仪的进样口、检测器一旦安装上之后就很难拆卸或更换，因为它们的接口部位、气路连接部分都没有统一的规格，且在设计上也没有考虑到经常拆卸的必要性。今后的进样口和检测器各模块，都将采用统一规格的方形接口，方便用户任意插拔，选择不同的条件。套接式的气路连接口位于模块的底部，用模块顶端的手拧式螺母固定。

（3）数据采集的网卡化　各家公司目前各式各样的数据采集卡将逐渐消失，计算机网卡取而代之。检测数据通过网线传递给计算机，可更进一步降低仪器成本。

（4）共享的控制软件　目前，各种气相色谱仪的工作站都是专用的，即只能控制某一家公司生产的某一种型号的气相色谱仪。随着电子元件的高度应用，意味着只要控制电信号即可控制仪器。因此，尽管各家气相色谱仪的信号模式及其量程都有所区别，但是一套软件如果同时存储了几种仪器的信号参数，就可以通过选择不同信号来控制不同公司生产的仪器。

（5）仪器价格的降低　部件的减少与集约意味着成本的降低。控制面板、数据采集卡的取消，以及其它部件的集约化设计，都会使整套仪器（包括计算机）的价格发生大幅度下降。

📝 **笔记**

项目五 高效液相色谱仪的校准、维护与保养

 项目引入

　　气相色谱是一种良好的分离分析技术，可适用于具有较低沸点、加热不易分解的样品（约占有机物的20%）的分离分析。而对于沸点高、分子量大、受热易分解的有机化合物，生物活性物质以及多种天然产物（约占全部有机物的80%），又如何分离分析呢？实践证明，如果用液体流动相去替代气体流动相，则可达到分离分析的目的，对应的色谱分析方法称之为液相色谱法。事实上1906年，俄国植物学家Tswett为了分离植物色素发明的色谱就是我们所谓的液相色谱，但柱效极低。直到20世纪60年代后期，将业已比较成熟的气相色谱的理论与技术应用于经典液相色谱，经典液相色谱才得到了迅速的发展。填料制备技术的发展，化学键合型固定相的出现，柱填充技术的进步以及高压输液泵的研制，使液相色谱实现了高速化、高效化，产生了具有现代意义的高效液相色谱。

　　以液体作流动相的色谱称液相色谱。广义来讲，除柱色谱外，薄层色谱（液固色谱）和纸色谱（液液色谱）也属于液相色谱。我们这里只讨论狭义的液相色谱，即柱色谱。柱色谱法按分离机理可分为液-固吸附色谱、液-液分配色谱、键合相色谱、凝胶色谱、离子色谱等。高效液相色谱（HPLC）又可称为高压液相色谱、高速液相色谱、高分离度液相色谱或现代液相色谱，与经典液相（柱）色谱法比较，HPLC能在短的分析时间内获得高柱效和高分离能力。

　　高效液相色谱法与气相色谱法一样，具有选择性高、分离效率高、灵敏度高、分析速度快的特点。高效液相色谱法恰好能适于分析气相色谱法不能分析的高沸点有机化合物、高分子和热稳定性差的化合物，以及具有生物活性的物质，充分弥补了气相色谱法的不足。

　　高效液相色谱仪是实现液相色谱分析的仪器设备。而具有真正优良性能的商品化高效液相色谱仪直到1967年才出现。一般来说，高效液相色谱仪包括高压输液系统、进样系统、分离系统、检测系统和色谱工作站（数据处理

系统）。目前，高效液相色谱仪广泛应用在生物医药、化工材料、食品科学、环境监测等领域，为定量分析奠定了坚实的基础。

 学习指南

参考岗位实际工作过程，在收到检定（校准）任务后，按照待检型号仪器的检定规程（内部校准文件），在对目标仪器有一定的知识储备的前提下，制订检定（校准）方案，做好实训准备，完成结果处理的工作流程。在完成的过程中学习液相色谱仪的结构、检定的项目、仪器的维护、常见故障的处理等工作，并将理论指导实践，边做边学。

 学习目标

知识目标	技能目标	素质目标
1．理解高效液相色谱仪的基本构造及工作原理。 2．熟悉高效液相色谱仪检定规程。 3．熟悉色谱仪检定规程（JJG 705—2014）。 4．知道国内外高效液相色谱仪品牌及相关技术参数	1．能阅读并理解仪器使用说明书。 2．能熟练准确使用多种型号高效液相色谱仪。 3．能按照检定规程要求，完成仪器检定。 4．能完成高效液相色谱仪的维护保养和故障分析	1．培育追求卓越、精益求精的工匠精神。 2．培育热爱祖国、勇于担当的使命感和责任感。 3．培养学生的质量意识，药品质量安全意识。 4．培养学生实事求是、诚实守信的专业品质

5.1 相关知识准备

5.1.1 高效液相色谱仪的工作流程

高效液相色谱仪的工作流程为：高压输液泵将贮液器中的流动相以稳定的流速（或压力）输送至分析体系，在色谱柱之前通过进样器将样品导入，流动相将样品依次带入预柱、色谱柱，在色谱柱中各组分被分离，并依次随流动相流至检测器，检测到的信号再被送至工作站记录、处理和保存。分析流程见图5-1。

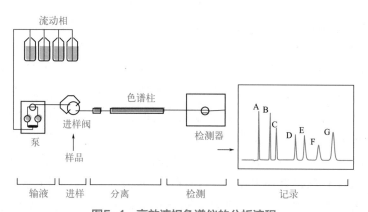

图5-1 高效液相色谱仪的分析流程

5.1.2　高效液相色谱仪的基本构造

目前先进的高效液相色谱仪多是由各功能模块组成，根据分析要求将各所需单元模块组合起来，最基本的模块是高压输液系统、进样系统、分离系统、检测系统和色谱工作站（数据处理系统）。此外，还可根据需要，配置自动进样模块、流动相在线脱气装置模块和样品前处理模块等。

5.1.2.1　高压输液系统

高压输液系统一般包括贮液器、高压输液泵、过滤器、梯度洗脱装置等。

（1）贮液器　贮液器主要用来提供足够数量的符合要求的流动相以完成分析工作，对于贮液器的要求是：①必须有足够的容积，以备重复分析时保证供液；②脱气方便；③能耐一定的压力；④所选用的材质对所使用的溶剂都是惰性的。

贮液器一般是以不锈钢、玻璃、聚四氟乙烯或特种塑料聚醚醚酮（PEEK）衬里为材料，容积一般为 0.5～2L 为宜，图 5-2 为实验室常用流动相贮存瓶。

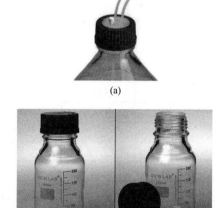

图5-2　流动相贮存瓶

所有溶剂在放入贮液器之前必须经过 0.45μm 滤膜过滤，除去溶剂中的机械杂质，以防输液管道或进样阀产生阻塞现象。

所有溶剂在使用前必须脱气。因为色谱柱是带压力操作的，而检测器是在常压下工作。若流动相中所含有的空气不除去，则流动相通过柱子时其中的气泡受到压力压缩，流出柱子后到检测器时因常压而将气泡释放出来，造成检测器噪声增大，使基线不稳，仪器不能正常工作，这在梯度洗脱时尤其突出。

（2）高压输液泵　高压输液泵是高效液相色谱仪的关键部件，其作用是将流动相以稳定的流速或压力输送到色谱分离系统。对于带有在线脱气装置的色谱仪，流动相先经过脱气装置后再输送到色谱柱。

① 高压输液泵的要求。为保证分析结果的准确性与稳定性，高压输液泵应具备的基本要求如下：

a. 泵体材料耐化学腐蚀。

b. 耐高压，且能在高压下连续工作 8～24h。目前，商品化的 HPLC 高压泵最高设定工作压力一般在 41.36MPa（6000psi）左右。超高压液相色谱高压泵的最高压力甚至可达 68.94MPa（10000psi）。

c. 输液平衡，脉动小，流量重复性（±0.5% 内）与准确度高（±0.5%）。

d. 流量范围宽，连续可调。输液泵的流量范围一般在 0.001～10mL/min。制备色谱则要求流量范围在 1～1000mL/min。

e. 溶剂转换容易，系统死体积小。

f. 能够自动设定时间流速程序，定量开机关机。

g. 具备梯度洗脱功能。

h. 耐用且维护方便。更换柱塞杆和密封圈方便、容易；具备柱塞杆清洗功能。

② 高压输液泵类型。高压输液泵一般可分为恒压泵和恒流泵两大类。恒流泵在一定操作条件下可输出恒定体积流量的流动相。目前常用的恒流泵有往复型泵和注射型泵，其特点是泵的内体积小，用于梯度洗脱尤为理想。恒压泵又称气动放大泵，是输出恒定压力的泵，其流量随色谱系统阻力的变化而变化。这类泵的优点是输出无脉动，对检测器的噪声低，通过改变气源压力即可改变流速。缺点是流速不够稳定，随溶剂黏度不同而改变。表 5-1 列出了几种常见高压输液泵的基本性能。

表5-1　几种高压输液泵的基本性能

名称	恒流或恒压	脉冲	更换流动相	梯度洗脱	再循环	价格
气动放大泵	恒压	无	不方便	需两台泵	不可以	高
螺旋传动注射泵	恒流	无	不方便	需两台泵	不可以	中等
单柱塞型往复泵	恒流	有	方便	可以	可以	较低
双柱塞型往复泵	恒流	小	方便	可以	可以	高
往复式隔膜泵	恒流	有	方便	可以	可以	中等

目前高效液相色谱仪普遍采用的是往复式柱塞泵，由偏心轮带动活塞往复移动。由于其单位时间输出的液体流量由单位时间柱塞往复的次数决定，因此流量恒定，可以连续不断地输送液体，更换溶剂方便，可用于梯度洗脱。图 5-3 为双柱塞往复式泵示意图。目前常用的有并联、串联柱塞泵。

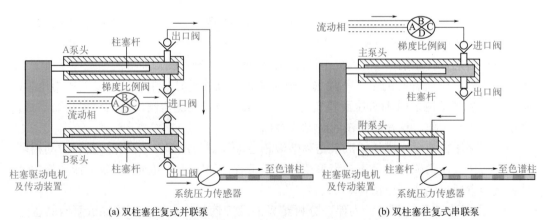

(a) 双柱塞往复式并联泵　　(b) 双柱塞往复式串联泵

图5-3　双柱塞往复式泵

（3）过滤器　在高压输液泵的进口和它的出口与进样阀之间，应设置过滤器。高压输液泵的活塞和进样阀阀芯的机械加工精密度非常高，微小的机械杂质进入流动相，会导致上述部件的损坏；同时机械杂质在柱头的积累，会造成柱压升高，使色谱柱不能正常工作。因此管道过滤器的安装是十分必要的。

常见的溶剂过滤器和管道过滤器的结构，见图5-4。

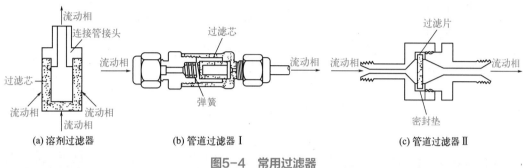

(a) 溶剂过滤器　　　　(b) 管道过滤器 I　　　　(c) 管道过滤器 II

图5-4　常用过滤器

过滤器的滤芯是用不锈钢烧结材料制造的，孔径为 2～3μm，耐有机溶剂的侵蚀。若发现过滤器堵塞（发生流量减小的现象），可将其浸入稀 HNO_3 溶液中，在超声波清洗器中用超声波振荡 10～15min，即可将堵塞的固体杂质洗出。若清洗后仍不能达到要求，则应更换滤芯。

（4）梯度洗脱装置　在进行多组分的复杂样品的分离时，经常会碰到前面的一些组分分离不完全，而后面的一些组分分离度太大，且出峰很晚，峰形较差。为了使保留值相差很大的多种组分在合理的时间内全部洗脱并达到相互分离，往往要用到梯度洗脱技术。

在液相色谱中常用的梯度洗脱技术是指流动相梯度，即在分离过程中改变流动相的组成（溶剂极性、离子强度、pH 值等）或改变流动相的浓度。梯度洗脱装置依据梯度装置所能提供的流路个数可分为二元梯度、三元梯度等，依据溶液混合的方式又可分为高压梯度和低压梯度。

高压梯度一般只用于二元梯度，即用两个高压泵分别按设定比例输送两种不同溶液至混合器，在高压状态下将两种溶液进行混合，然后以一定的流量输出。其主要优点是，只要通过梯度程序控制器控制每台泵的输出，就能获得任意形式的梯度曲线，而且精度很高，易于实现自动化控制。其主要缺点是必须使用两台高压输液泵，因此仪器价格比较昂贵，故障率也相对较高。

低压梯度是将两种溶剂或四种溶剂按一定比例注入泵前的一个比例阀中，混合均匀后以一定的流量输出。其主要优点是只需一个高压输液泵，且成本低廉、使用方便。实际过程中多元梯度泵的流路是可以部分空置的，如四元梯度泵也可以只进行二元梯度操作。

图 5-5 是安捷伦公司高效液相色谱仪的梯度洗脱系统示意图。

5.1.2.2　进样系统

进样器是将样品溶液准确送入色谱柱的装置，要求密封性好，死体积小，重复性好，引起色谱分离系统的压力和流量波动要很小。常用的进样器有以下两种。

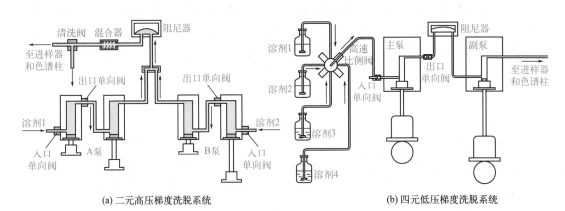

(a) 二元高压梯度洗脱系统　　　　　　　　　　　(b) 四元低压梯度洗脱系统

图5-5　Agilent 1100梯度洗脱系统示意图

（1）六通阀进样器　现在的液相色谱仪所采用的几乎都是耐高压、重复性好和操作方便的六通阀进样器。其进样体积由定量管确定，常规高效液相色谱仪中通常使用的是 10μL、20μL 体积的定量管。目前最为通用的六通阀进样器是美国 Rheodyne 公司的产品，六通阀进样器的外形结构及内部结构示意图见图 5-6。

六通阀的维护保养

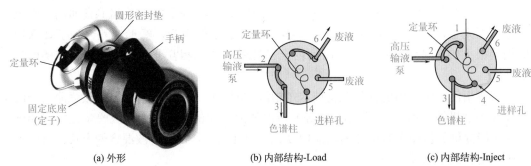

(a) 外形　　　　　　　(b) 内部结构-Load　　　　　　(c) 内部结构-Inject

图5-6　六通阀的外形及内部结构示意图

　　操作时先将阀柄置于图 5-6 所示的装载样品位置（Load），这时进样口只与定量管接通，处于常压状态。用平头微量注射器（体积应为定量管体积的 3～5 倍）注入样品溶液，样品停留在定量管中，多余的样品溶液从图 5-6 中 6 处溢出。将进样器阀柄顺时针转动 60° 至图 5-6 所示的进样位置（Inject）时，流动相与定量管接通，样品被流动相带到色谱柱中进行分离分析。

　　（2）自动进样器　自动进样器是由计算机自动控制定量阀，按预先编制的操作程序进行工作。取样、进样、复位、样品管路清洗和样品盘转动，全部按预定程序自动进行，一次可进行几十个或上百个样品的分析。

　　自动进样器的进样量可连续调节，进样重复性高，适合于大量样品的分析，节省人力，可实现自动化操作。

　　图 5-7 为自动进样器外形图。

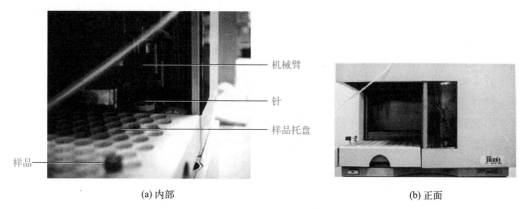

图5-7　自动进样器外形图

5.1.2.3　分离系统

高效液相色谱仪的分离系统由保护柱、色谱柱、色谱柱的连接部件、柱温装置等组成。其中具有分离作用的色谱柱是高效液相色谱仪的核心部件，柱效高、选择性好、分析速度快是对色谱柱的一般要求。

（1）色谱柱

① 色谱柱外观。色谱柱管为内部抛光的不锈钢柱管或塑料柱管，常用的液相色谱柱外观及标签见图 5-8。

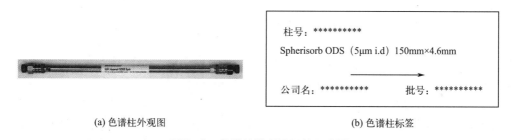

```
柱号：**********

Spherisorb ODS （5μm i.d) 150mm×4.6mm

                    →

公司名：**********        批号：**********
```

(a) 色谱柱外观图　　　　　　　　　　　　　　　(b) 色谱柱标签

图5-8　色谱柱外观及标签示意图

色谱柱标签的内容一般包含了固定相材料及柱子的其它参数。如图 5-8（b）所示，Spherisorb 为柱型号；ODS 为固定相填料种类（十八烷基键合相）；5μm 为填料粒径；150mm 为柱长；4.6mm 为柱内径；→为流动相流动方向。选用色谱柱时，必须根据分析方法选择符合要求的色谱柱。

② 色谱柱的结构。一般色谱柱是由色谱柱柱管、末端接头、卡套（又称密封圈）和过滤筛板等组成。其结构如图 5-9 所示。

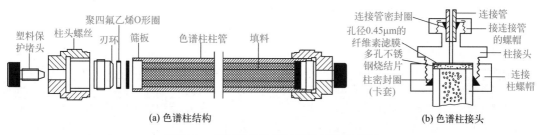

(a) 色谱柱结构　　　　　　　　　　　　　　　(b) 色谱柱接头

图5-9　色谱柱与色谱柱接头结构示意图

通过柱两端的接头与其它部件（如前连进样器，后接检测器）连接。通过螺帽将柱管和柱接头牢固地连成一体。从一端柱接头的剖面图可以看出，为了使柱管与柱接头牢固而严密地连接，通常使用一套两个不锈钢垫圈，呈细环状的后垫圈固定在柱管端头合适位置，呈圆锥形的前垫圈再从柱管端头套出，正好与接头的倒锥形相吻合。用连接管将各部件连接时的接头也都采用类似的方法。另外，在色谱柱的两端还须各放置一块由多孔不锈钢材料烧结而成的过滤片，出口端的过滤片起挡住填料的作用，入口端的过滤片既可防止填料倒出，又可保护填充床在进样时不被损坏。

此外，色谱柱在装填料之前是没有方向性的，但填充完毕的色谱柱是有方向性的，即流动相的方向应与柱的填充方向（装柱时填充液的流向）一致。色谱柱的管外都以箭头显著地标示了该柱的使用方向（而不像气相色谱那样，色谱柱两头标明接检测器或进样器），安装和更换色谱柱时一定要使流动相能按箭头所指方向流动。

③ 色谱柱的种类。市售的用于 HPLC 的各种微粒填料如硅胶以及以硅胶为基质的键合相、氧化铝、有机聚合物微球（包括离子交换树脂），其粒度一般为 3、5、7、10μm 等，其柱效的理论值可达 5000/m～16000/m 理论塔板数。对于一般的分析任务，只需要 500 塔板数即可，对于较难分离物质可采用高达 2 万理论塔板数柱效的柱子。因此实际过程中一般用 100～300mm 的柱长就能满足复杂混合物分析的需要。

色谱柱的选择与安装

常用的液相色谱柱的内径有 4.6mm 或 3.9mm 两种规格。随着柱技术的发展，细内径柱受到人们的重视，内径 2mm 柱已作为常用柱，细内径柱可获得与粗柱基本相同的柱效，而溶剂的消耗量却大为下降，这在一定程度上除减少了实验成本以外，也降低了废弃流动相对环境的污染和流动相溶剂对操作人员健康的损害。目前，1mm 甚至更细内径的高效填充柱都有商品出售，特别是在与质谱联用时，为减小溶剂用量，常采用内径为 0.5mm 以下的毛细管柱。

细内径柱与常规柱相比，有如下优点：若注射相同量的试样到细内径柱上，则产生较窄的峰宽从而使峰高增大（色谱柱不应过载），峰高的增大又使检测器的灵敏度提高。这种增强效应对痕量分析非常重要，因为在痕量分析中试样总量受到限制。

实际过程中用作半制备或制备目的的液相色谱柱的内径一般在 6mm 以上。

④ 色谱柱的评价。一支色谱柱的好坏要用一定的指标来进行评价。一个合格的色谱柱评价报告应给出色谱柱的基本参数，如柱长内径、填充载体的种类、粒度、柱效等。评价液相色谱柱的仪器系统应满足相当高的要求，一是液相色谱仪器系统的死体积应尽可能小，二是采用的样品及操作条件应当合理，在此合理的条件下，评价色谱柱的样品可以完全分离并有适当的保留时间。表 5-2 列出了评价各种液相色谱柱的样品及操作条件。

表5-2 评价各种液相色谱柱的样品及操作条件

柱	样品	流动相（体积比）	进样量 /μg	检测器
烷基键合相柱（C4，C18）	苯、萘、联苯、菲	甲醇 - 水（83/17）	10	UV 254nm
苯基键合相柱	苯、萘、联苯、菲	甲醇 - 水（57/43）	10	UV 254nm
氰基键合相柱	三苯甲醇、苯乙醇、苯甲醇	正庚烷 - 异丙醇（93/7）	10	UV 254nm
氨基键合相柱（极性固定相）	苯、萘、联苯、菲	正庚烷 - 异丙醇（93/7）	10	UV 254nm
氨基键合相柱（弱阴离子交换剂）	核糖、鼠李糖、木糖、果糖、葡萄糖	水 - 乙腈（98.5/1.5）	10	示差折光检测

柱	样品	流动相（体积比）	进样量 /μg	检测器
SO$_3$H 键合相柱（强阳离子交换剂）	阿司匹林、咖啡碱、非那西汀	0.05mol/L 甲酸铵 - 乙醇（90/10）	10	UV 254nm
R$_4$NCl 键合相柱（强阴离子交换剂）	尿苷、胞苷、脱氧胸腺苷、腺苷、脱氧腺苷	0.1mol/L 硼酸盐溶液（加 KCl）（pH9.2）	10	UV 254nm
硅胶柱	苯、萘、联苯、菲	正己烷	10	UV 254nm

注：线速为 1mm/s，对柱内径为 5.0mm 的色谱柱最大流量大约为 1mL/min。

（2）保护柱　所谓保护柱，即在分析柱的入口端装有与分析柱相同固定相的短柱（长为 5～30mm），可以经常而且方便地更换，以起到保护延长分析柱寿命的作用。虽然采用保护柱会使分析柱损失一定的柱效，但是，换一根分析柱不仅浪费（柱子失效往往只在柱端部分失效），又费事，而保护柱对色谱系统的影响基本上可以忽略不计。所以，即使损失一点柱效也是可取的。

（3）恒温装置　提高柱温有利于降低溶剂黏度和提高样品溶解度，改变分离度，另外保持恒定的柱温是保留值重复稳定的必要条件，特别是对需要高精度测定保留体积的样品分析而言尤为重要，因此高效液相色谱仪一般要求配置恒温装置。

高效液相色谱仪中常用的色谱柱恒温装置有水浴式、电加热式和恒温箱式三种。实际恒温过程中要求最高温度不超过 60℃，否则流动相气化会使分析工作无法进行。

5.1.2.4　检测系统

检测器、泵与色谱柱是组成 HPLC 的三大关键部件。

HPLC 检测器是用于连续监测被色谱系统分离后的柱流出物组成和含量变化的装置。其作用是将柱流出物中样品组成和含量的变化转化为可供检测的信号，完成定性定量分析的任务。

（1）HPLC 检测器的要求　理想的 HPLC 检测器应满足下列要求：一是具有高灵敏度和可预测的响应；二是对样品所有组分都有响应，或具有可预测的特异性，适用范围广；三是温度和流动相流速的变化对响应没有影响；四是响应与流动相的组成无关，可作梯度洗脱；五是死体积小，不造成柱外谱带扩展；六是使用方便、可靠、耐用，易清洗和检修；七是响应值随样品组分量的增加而线性增加，线性范围宽；八是不破坏样品组分；九是能对被检测的峰提供定性和定量信息；十是响应时间足够快。

实际过程中很难找到满足上述全部要求的 HPLC 检测器，但可以根据不同的分离目的对这些要求予以取舍，选择合适的检测器。

（2）HPLC 检测器的分类　HPLC 检测器一般分为两类，通用型检测器和专用型检测器。

通用型检测器可连续测量色谱柱流出物（包括流动相和样品组分）的全部特性变化，通常采用差分测量法。这类检测器包括示差折光检测器、电导检测器和蒸发光散射检测器等。通用型检测器适用范围广，但由于对流动相有响应，因此易受温度变化、流动相流速和组成变化的影响，噪声和漂移都较大，灵敏度较低，不能用于梯度洗脱。

专用型检测器用以测量被分离样品组分某种特性的变化，这类检测器对样品中组分的某种物理或化学性质敏感，而这一性质是流动相所不具备的，或至少在操作条件下不显示。这类检测器包括紫外 - 可见光检测器、荧光检测器、安培检测器等。专用型检测器灵敏度高，受操作条件变化和外界环境影响小，并且可用于梯度洗脱操作。但与总体性能检测器相比，应用范围受到一定的限制。

（3）检测器的性能指标　常见检测器的性能指标如表 5-3 所示。

表5-3　高效液相色谱常见检测器性能指标

性能	紫外 - 可见光检测器（UVD）	示差折光检测器（RID）	荧光检测器	电导检测器（TCD）	蒸发光散射检测器（ELSD）
测量参数	吸光度（AU）	折射率（RIU）	荧光强度（AU）	电导率（μS/cm）	质量（ng）
池体积 /μL	$1 \sim 10$	$3 \sim 10$	$3 \sim 20$	$1 \sim 3$	—
类型	选择型	通用型	选择型	选择型	通用型
线性范围	10^5	10^4	10^3	10^4	约 10
最小检出浓度 /(g/mL)	10^{-10}	10^{-7}	10^{-11}	10^{-3}	—
最小检出量	≈ 1ng	$\approx 1\mu$g	≈ 1pg	≈ 1mg	$0.1 \sim 10$ng
噪声（测量参数）	10^{-4}	10^{-7}	10^{-3}	10^{-3}	10^{-3}
用于梯度洗脱	可以	不可以	可以	不可以	可以
对流量敏感性	不敏感	敏感	不敏感	敏感	不敏感
对温度敏感性	低	10^{-4}℃	低	2%/℃	不敏感

（4）常见检测器介绍　用于液相色谱的检测器有三四十种，下面简单介绍目前在液相色谱仪中使用比较广泛的紫外 - 可见光检测器、示差折光检测器、荧光检测器以及近年来出现的蒸发光散射检测器。其它类型的检测器可参阅有关专著。

① 紫外 - 可见光检测器。紫外 - 可见光检测器（UV-VIS），又称紫外可见吸收检测器、紫外吸收检测器，或直接称为紫外检测器，是目前液相色谱中应用最广泛的检测器。在各种检测器中，其使用率占 70% 左右，对占物质总数约 80% 的有紫外吸收的物质均有影响，既可检测 190～350nm 范围（紫外光区）的光吸收变化，也可向可见光范围（350～700nm）延伸。

几乎所有的液相色谱装置都配有紫外 - 可见光检测器。

由朗伯 - 比尔定律可知，吸光度与吸光系数、溶液浓度和光路长度成直线关系，也就是说对于给定的检测池，在固定波长下，紫外 - 可见光检测器可输出一个与样品浓度成正比的光吸收信号——吸光度（A），这就是紫外 - 可见光检测器的工作原理。

紫外 - 可见光检测器的基本结构与一般紫外 - 可见分光光度计是相同的，均包括光源、分光系统、试样室和检测系统四大部分，如图 5-10 所示。

UVD 的特点是：灵敏度高，可达 0.001AU（对具有中等紫外吸收的物质，最小检出量可达 ng 数量级，最小检出浓度可达 pg/L）；噪声低，可降至 10^{-5}AU；线性范围宽，应用广泛；须选用无紫外吸收特性的溶剂作为流动相；对流动相流速和柱温变化不敏感，适于梯度洗脱；结构简单，使用维修方便。

UVD 可分为三种类型：固定波长、可变波长和光电二极管阵列检测器。

a. 固定波长 UVD。图 5-10（a）显示了固定波长 UVD 的结构示意图，其工作流程是：低压汞灯发射出固定波长的紫外线（λ=254nm），经入射石英棱镜准直、再经遮光板分为一对平行光束分别进入流通池中的测量臂和参比臂。被流通池中的流动相（测量臂中含待测组分）吸收后的出射光，经遮光板、出射石英棱镜及紫外滤光片后，仅有254nm 的紫外线被双光电池接收。双光电池检测的光强度经对数放大器转换成吸光度后，由记录仪绘制出色谱图。

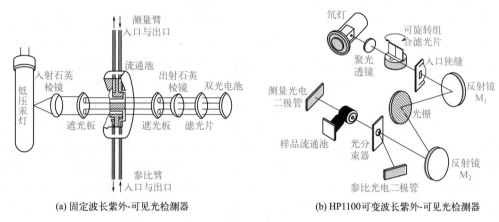

(a) 固定波长紫外-可见光检测器　　　　(b) HP1100可变波长紫外-可见光检测器

图5-10　紫外-可见光检测器结构示意图

流通池是 UVD 中的关键部件，是样品流经的光学通道（样品池），也是流动相贮存或流通的光学通道（参比池），一般用不锈钢或聚四氟乙烯材料制作，透光材料选用石英。流通池的标准池体积为 5～8μL，光程为 5～10mm，内径小于 1mm。经典的流通池结构为 Z 形［见图 5-11（a）］，现已很少使用。

目前常用的流通池结构为 H 形［见图 5-11（b）]。流动相从池体下方中间流入后，分成两路，按相反方向流动到达石英窗口，从上方中间汇合流出。流通池的侧面是石英窗（见图 5-11），用聚四氟乙烯圈密封。为防止孔壁形成多次反射和折射，流通池内壁需精心抛光和保持清洁。H 形池体的优点是：利于补偿由于流速变化造成的噪声和基线漂移，可防止峰形展宽。

为了消除由于池内液体折射率的变化而形成的"液体棱镜"效应，还出现了圆锥形池［见图 5-11（c）]。

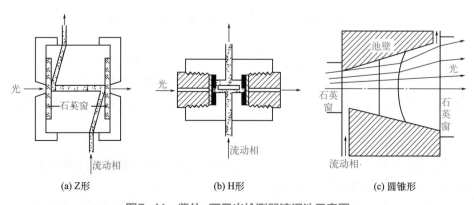

(a) Z形　　　　　　(b) H形　　　　　　(c) 圆锥形

图5-11　紫外-可见光检测器流通池示意图

b. 可变波长 UVD。图 5-10（b）显示了可变波长 UVD 的结构示意图，其工作流程是：光源（氘灯，波长在 190～600nm 连续可调）发射的光经聚光透镜聚焦，由可旋转组合滤光片滤去杂散光，再通过入口狭缝至平面反射镜 M_1，经反射后到达光栅，光栅将光衍射色散成不同波长的单色光。当某一波长的单色光经平面反射镜 M_1 反射至光分束器时，透过光分束器的光通过样品流通池，最终到达检测样品的测量光电二极管；被光分束器反射的光到达检测基线波动的参比光电二极管；比较二者可获得测量和参比光电二极管的信号差，此即为样品的检测信息——吸光度。

可变波长 UVD 在某一时刻只能采集某一特定单色波长的吸收信号。光栅的偏转可由预先编制的采集时间程序加以控制，保证在某个组分出现色谱峰的时段里选择该组分的最大吸收波长作为检测波长，因此可使每个组分峰均获得最灵敏的检测。

c. 光电二极管阵列检测器。光电二极管阵列检测器又称光电二极管列阵检测器或光电二极管矩阵检测器，表示为 PDA、PDAD 或 DAD，是 20 世纪 80 年代出现的一种光学多通道检测器。目前被认为是液相色谱系统中最有发展前途、最好的检测器（见图 5-12），其工作流程是：光源（钨灯与氘灯组合光源）发射的复合光经消色差透镜聚焦后，形成一束单色聚焦光进入流通池，透射光经全息凹面衍射光栅色散后，投射到二极管阵列上而被检测。二极管阵列检测元件，可由 1024 个（或 512 个）光电二极管组成，可同时检测 180～600nm 范围内的信号，每 10ms 完成一次检测，在 1s 内可进行快速扫描采集到 100000 个检测数据，绘制出随时间变化进入检测器流动相的光谱吸收曲线，得到由 A、λ、t_R 组成的三维空间立体色谱图（见图 5-13），全部检测过程由计算机控制完成。DAD 可对被测组分同时进行定性鉴别与定量分析。

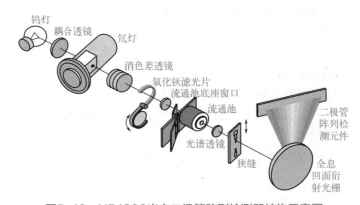

图5-12　HP1200光电二极管阵列检测器结构示意图

二极管阵列检测器在结构上的主要特点是用光电二极管阵列同时接收来自流通池的全光谱透过光，因此在光路安排上与普通紫外 - 可见光检测器有重要的区别，它让光线先通过样品流通池，然后由一系列分光技术，使所有波长的光在接收器同时被检测，其光学系统又称多色仪。

② 示差折光检测器

示差折光检测器，又称折光指数检测器，它是通过连续监测参比池和测量池中溶液的折射率之差来测定试样浓度的检测器。

溶液的光折射率是溶剂（流动相）和溶质各自的折射率乘以其物质的量浓度之和，

溶有样品的流动相和流动相本身之间光折射率之差即表示样品在流动相中的浓度。原则上凡是与流动相光折射率有差别的样品均可用 RID 进行检测。表 5-4 列出了常用溶剂在 20℃时的折射率。

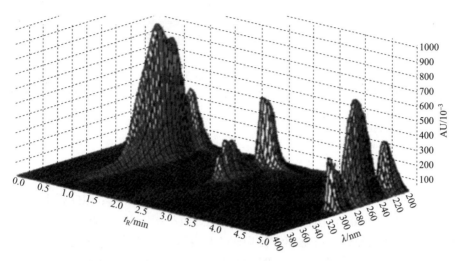

图5-13　由A、λ、t_R组成的三维空间立体色谱图
图中所示混合样品含3个组分

表5-4　常用溶剂在20℃时的折射率

溶剂	折射率	溶剂	折射率	溶剂	折射率
甲醇	1.3288	乙酸甲酯	1.3617	溴乙烷	1.4239
水	1.3330	异丙醚	1.3679	环己烷（19.5℃）	1.4266
二氯甲烷（15℃）	1.3348	乙酸乙酯（25℃）	1.3701	氯仿（25℃）	1.4433
乙腈	1.3441	正己烷	1.3749	四氯化碳	1.4664
乙醚	1.3526	正庚烷	1.3876	甲苯	1.4961
正戊烷	1.3579	1-氯丙烷	1.3886	苯	1.5011
丙酮	1.3588	四氢呋喃（21℃）	1.4076		
乙醇	1.3611	二氧六环	1.4224		

RID 按工作原理可分为反射式、偏转式和干涉式等 3 种。其中干涉式造价昂贵，使用较少；偏转式池体积大（约 10μL），适用于各种溶剂折射率的测定；反射式池体积小（约 3μL），应用较多。反射式 RID 的理论依据是菲涅尔反射原理：当入射角 θ 小于临界角时，入射光分解成反射光和透射光 [见图 5-14（a）]；当入射光强度 I_0 及入射角 θ 固定时，透射光强度 I 取决于折射角 θ' 。因此，一定条件下，测量透射光强度的变化可得到流动相与组分折射率之差，即可检测组分的浓度。

图 5-14（b）显示了反射式 RID 的光路图。反射式 RID 的工作流程是：光源（通常是钨丝白炽灯）发出的光，经垂直光栏与平行光栏、透镜准直成两束能量相等的平行细光束，射入棱镜，分别照在检测池中的样品池和参比池的玻璃 - 液体界面上，大部分光被反射成无用的反射光射出，小部分光按菲涅尔定律透射入介质中，在不锈钢界面上反射后经透镜聚焦在光敏电阻（检测器）上，将光信号转变成电信号。若仅有流动相通过样品池和参比池，则该信号相同；若有样品进入样品池，两只光敏电阻所接收信号之差正

比于折射率的变化，即正比于样品中组分的浓度。为适用不同折射率的溶剂，通常配有两种规格的棱镜 [低折射率（1.31～1.44）和高折射率（1.40～1.55）]，根据需要可互换。

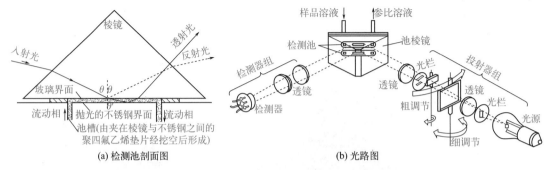

(a) 检测池剖面图　　　　　　　　　　　(b) 光路图

图5-14　反射式示差折光检测器结构示意图

RID 的特点是：RID 属于总体性能检测器，是通用型检测器；RID 属于中等灵敏度检测器，检出限可达 $10^{-6}\sim10^{-7}$ g/mL，线性范围一般小于 10^5，一般不宜用于痕量分析；RID 对温度和压力的变化均很敏感，使用时为确保噪声水平在 10^{-7} RIU，需将温度和压力分别控制在 ±4℃ 和几个帕斯卡间；RID 最常用的溶剂是水，由于流动相组成的任何变化均可对测定造成明显的影响，因此一般不能用于梯度洗脱。

RID 的普及程度仅次于紫外 - 可见光检测器，属于浓度敏感型检测器，非破坏型检测器。它对没有紫外吸收的物质，如高分子化合物、糖类、脂肪烷烃等都能够检测。RID 还适用于流动相紫外吸收本底大、不适于 UVD 的体系。在凝胶色谱中 RID 是必不可少的，尤其是对聚合物，如聚乙烯、聚乙二醇、丁苯橡胶等分子量分布的测定。此外，RID 在制备色谱中也经常使用。

③ 荧光检测器。许多化合物（如有机胺、维生素、激素、酶等）受到入射光（称激发光 λ_{ex}）的照射，吸收辐射能后，会发射比入射光频率低的特征辐射，当入射光停止照射则特征辐射亦同时消失，此即为荧光（也称发射光 λ_{em}）。利用测量化合物荧光强度对化合物进行检测的检测器即为荧光检测器（FLD）。荧光的强度与入射光强度、样品浓度成正比。当入射光强度固定时，荧光强度与样品浓度成正比，此即为 FLD 检测原理。

图 5-15 是一种双光路固定波长荧光检测器的结构示意图。FLD 的工作流程是：中

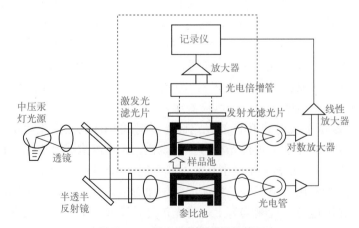

图5-15　荧光检测器结构示意图

压泵灯发出的连续光经半透半反射镜分成两束，分别通过样品池和参比池。半透半反射镜将 10% 左右的激发光反射到参比池和光电管上；90% 左右的激发光经激发光滤光片分光后，选择其中特定波长的光作为样品激发光，经第一透镜聚光在样品池入口处，样品池中的组分受激后发射出荧光。为避免激发光的干扰，取与激发光呈直角方向的荧光，由第二透镜将其会聚到发射光滤光片，再通过光电倍增管、放大器至记录仪。

参比池有利于消除外界的影响和流动相所发射的本底荧光，参比光路有利于消除光源波动造成的影响（在光电倍增管之间有一个电压控制器，由参比光电管输出电压控制样品光电倍增管工作电压，补偿光源强度波动对输出信号的影响）。

FLD 的特点是：灵敏度极高，最小检出限可达 10^{-13}g，特别适合痕量分析；具有良好的选择性，可避免不发射荧光成分的干扰；线性范围较宽，为 $10^4 \sim 10^5$；受外界条件的影响较小；若所选流动相不发射荧光，则可用于梯度洗脱。

FLD 可检测的物质主要包括：某些代谢物、食物、药物、氨基酸、多肽、胺类、维生素、石油高沸点馏分、生物碱、胆碱和甾类化合物等。FLD 的灵敏度比 UVD 高 100 倍，是一种选择性检测痕量组分的强有力的检测工具。FLD 测定中不能使用可熄灭、抑制或吸收荧光的溶剂作流动相。对不能直接产生荧光的物质，需使用色谱柱后衍生技术，操作比较复杂。FLD 现已在生物化工、临床医学检验、食品检验、环境监测中获得广泛的应用。

④ 蒸发光散射检测器。蒸发光散射检测器（ELSD）是一种新型通用型检测器，可检测任何挥发性低于流动相的样品。ELSD 的工作流程包括雾化、蒸发与检测 3 个部分，详见图 5-16。

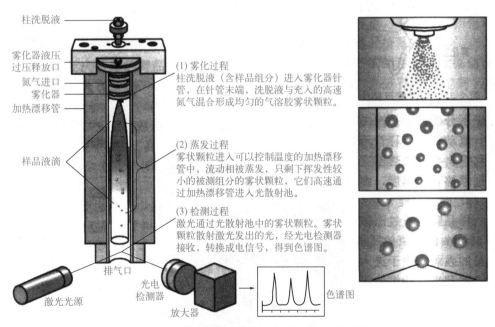

图5-16　蒸发激光散射检测器检测原理示意图

在光散射室中，光被散射的程度取决于散射室中溶质颗粒的大小和数量。粒子的数量取决于流动相的性质及喷雾气体和流动相的流速。当流动相和喷雾气体的流速恒定时，散射光的强度仅取决于溶质的浓度，这正是 ELSD 的定量基础。ELSD 响应值仅与光束中溶质颗粒的大小和数量有关，而与溶质的化学组成无关。

143

ELSD 的特点是：属于通用型、质量型检测器，灵敏度高于 RID，线性范围较窄；消除了溶剂峰（溶剂不出峰）的干扰，可进行梯度洗脱；对所有物质几乎具有相同的响应因子；对流动相系统温度变化不敏感；可消除流动相和杂质的干扰（因流动相和挥发性盐进入光散射池时已先挥发除去）；使用 HPLC-ELSD 可以为 LC-MS 探索色谱操作条件。

ELSD 主要应用于碳水化合物、类脂化合物、表面活性剂、聚合物、药物、氨基酸和天然产物的检测。ELSD 也为无紫外吸收或紫外末端弱吸收的化合物提供了一种高效和可靠的检测手段，其应用日益广泛。

5.1.2.5　数据处理系统

目前高效液相色谱仪主要使用色谱工作站来记录和处理色谱分析的数据。色谱工作站多采用 16 位或 32 位高档微型计算机，如 HP1100 高效液相色谱仪配备的色谱工作站，CPU 为 Pentium Ⅲ 处理器，内存 64MB，3.0～6.4GB 的硬盘及打印机，其主要功能有：自行诊断功能、全部操作参数控制功能、智能化数据处理和谱图处理功能、进行计量认证的功能、控制多台仪器的自动化操作功能、网络运行功能、运行多种色谱分离优化软件与多维色谱系统操作参数控制软件等，详细情况可参阅有关色谱工作站说明书。

色谱工作站不仅大大提高色谱分析的速度，也为色谱分析工作者进行理论研究、开拓新型分析方法创造了有利的条件。随着电子计算机技术的迅速发展，色谱工作站的功能也日益完善。

5.1.3　岛津LC-20AD高效液相色谱仪

岛津 LC-20AD 高效液相色谱仪外形见图 5-17，其主要模块包含流动相存放架、脱气单元装置、高压泵、六通阀进样单元、色谱柱及柱温箱和检测器单元。图 5-18 为仪器的结构示意图。下面是仪器的详细操作过程。

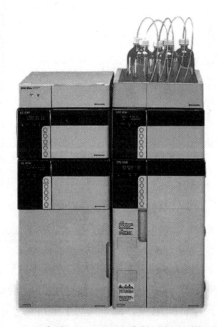

图5-17　岛津LC-20AD高效液相色谱仪外形

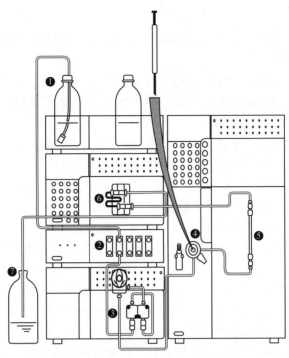

图5-18 岛津LC-20AD高效液相色谱仪结构示意图

1—贮液瓶；2—脱气机；3—高压泵；4—手动进样器；5—色谱柱；6—检测器；7—废液瓶

（1）更换流动相 更换流动相时，注意不锈钢滤头必须浸没在溶液中，本次实验采用单通道。

（2）开机 分别按下高压泵、柱温箱和检测器的电源开关，打开电脑，等检测器自检完成后，双击"LabSolution"工作站，选择"仪器"，双击"LENOVO-P"，工作站与仪器各模块进行联机，听到"嘟"声则为联机完成，进入工作站界面，如图5-19所示。

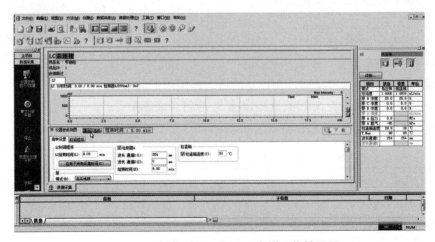

图5-19 岛津LabSolution色谱工作站界面

（3）排气 在工作站界面上的仪器参数视图"常规"中，选择模式为"等度梯度"，设置流速为5mL/min，逆时针打开泵的"清洗"阀，点击"下载"，点击"仪器的激活ON/OFF"菜单键，开启泵，清洗流动相通道管路及高压泵，观察管路中是否有气泡，一般清洗 3～5min。

（4）编辑方法　设置流速为 1mL/min，设置 LC 结束时间、检测器波长和柱温箱温度，然后保存方法文件。

（5）平衡仪器　点击"下载"，顺时针关闭"清洗"阀。此时仪器处于未就绪状态，待柱温箱稳定，色谱条件达到后，工作站显示"定 C 就绪"，一般仪器需平衡 30～60min。此时可进行样品分析。

（6）进样分析　点击"单次分析开始"，输入样品名、数据文件名，点击"确定"，此时界面显示"此 C 等待信号输入"，用样品溶液清洗进样针 2～3 次，吸样时需排除针筒内气泡。在"Load"状态注射 60～100μL 样品溶液，然后把六通阀阀柄快速拧到"Inject"状态，此时工作站开始采集数据。

（7）数据记录及处理　待分析结束，选择"处理工具"，双击"再解析"，进入数据处理界面，点击"主项目"，选择"生成报告"，在空白报告上方点击右键，选择"页眉/页脚"，输入报告名称，按"样品信息"菜单键，在报告上划框，在"样品信息"菜单中，通过"添加"或"删除"，显示样品信息的具体内容。按"汇总（每个化合物）"菜单键，在报告上划框，在"汇总"菜单下，输入色谱图所需的各种信息，保存报告方法文件。点击报告上"样品信息"框，在"文件"菜单栏下，选择"加载数据文件"，选择数据文件，此时显示该数据的样品信息。右键点击报告上的"汇总（每个化合物）"框，选择"属性"，在"文件"菜单栏下添加上述数据文件，此时显示色谱图及该样品组分的保留时间、峰面积等等信息，预览并打印报告。

5.1.4　高效液相色谱仪的检定规程

JJG 705—2014 液相色谱仪检定规程

高效液相色谱仪的检定一般首选国家标准，也可以根据组织内部分发的检定规程进行检定。本教材所列液相色谱仪检定规程参考 JJG 705—2014《液相色谱仪检定规程》。

5.1.4.1　计量性能要求

（1）输液系统
① 输液管路接口紧密牢固，在规定的压力范围内无泄漏。
② 泵流量设定值误差 S_s 和流量稳定性 S_R 应符合表 5-5 要求。
③ 梯度最大允许误差 G_c：±3%。

表5-5　泵流量设定值误差S_s和稳定性S_R的指标要求

泵流量设定值 /（mL/min）	0.2 ～ 0.5	0.6 ～ 1.0	大于 1.0
测定次数	3	3	3
流动相收集时间 /min	10 ～ 20	5 ～ 10	5
泵流量设定值最大允许误差 S_s	±5%	±3%	±2%
泵流量稳定性 S_R	3%	2%	2%

注：1. 最大流量的设定值可根据用户使用情况而定。
2. 对特殊的、流量小的仪器，流量的设定可根据用户使用情况选大、中、小三个流量；流动相的收集时间则根据情况适当缩减或延长。

（2）柱温箱

① 柱温箱温度设定值最大允许误差：±2℃。

② 柱温箱温度稳定性：不大于 1℃ /h。

（3）检测器　仪器的检测器的主要技术指标见表5-6。

表5-6　液相色谱仪检测器的主要技术指标

项目	紫外-可见光检测器	荧光检测器	示差折光检测器	蒸发光散射检测器
基线噪声[①]	$\leqslant 5\times10^{-4}$AU	$\leqslant 5\times10^{-4}$FU	$\leqslant 5\times10^{-7}$RIU	$\leqslant$ 1mV
基线漂移	$\leqslant 5\times10^{-3}$AU/30min	$\leqslant 5\times10^{-3}$FU/30min	$\leqslant 5\times10^{-6}$RIU/30min	$\leqslant$ 5mV/30min
最小检测浓度	$\leqslant 5\times10^{-8}$g/mL 萘-甲醇溶液	$\leqslant 5\times10^{-9}$g/mL 萘-甲醇溶液	$\leqslant 5\times10^{-6}$g/mL 胆固醇-甲醇溶液	$\leqslant 5\times10^{-6}$g/mL 胆固醇-甲醇溶液
波长示值最大允许误差	±2nm	±5nm	—	—
波长重复性	$\leqslant$ 2nm	$\leqslant$ 2nm	—	—
线性范围	优于 10^3	优于 10^3	优于 10^3	—

① 若仪器的输出信号用 mV 或 V 表示，注意查看仪器说明书或仪器标牌标明的其与 AU（FU）的换算关系；若无特殊标明通常可按照 1V=1AU（FU）进行换算。

（4）整机性能　仪器的整机性能用定性定量测定重复性表示，指标要求见表 5-7。

表5-7　液相色谱仪整机性能指标要求

项目	紫外-可见光检测器	荧光检测器	示差折光检测器	蒸发光散射检测器
定性重复性	$\leqslant$ 1.0%	$\leqslant$ 1.0%	$\leqslant$ 1.0%	$\leqslant$ 1.5%
定量重复性	$\leqslant$ 3.0%	$\leqslant$ 3.0%	$\leqslant$ 3.0%	$\leqslant$ 4.0%

5.1.4.2　检定项目

高效液相色谱仪的首次检定、后续检定及使用中检定项目要求见表5-8。

表5-8　液相色谱仪检定项目

序号		检定项目	首次检定	后续检定	使用中检定
1	输液系统	泵耐压	+	−	−
		泵流量设定值及误差 S_s	+	−	−
		泵流量稳定值 S_R	+	+	+
		梯度误差 G_i[①]	+	−	−
2	柱温箱	温度设定值误差ΔT_s[①]	+	−	−
		温度稳定性 T_C[①]	+	−	−
3	检测器	基线噪声	+	+	+
		基线漂移	+	+	+
		最小检测浓度	+	+	−
		波长示值误差和重复性[②]	+	−	−
		线性范围	+	−	−
4	整机	定性、定量重复性	+	+	+

注："+"表示应检定项目，"−"表示可不检定项目。

① 无梯度洗脱装置和无柱温箱的仪器，此项不检定。

② 紫外-可见光和荧光检测器检定此项目，其他检测器不检定此项目。

5.1.5 高效液相色谱仪的维护保养

5.1.5.1 样品的准备

了解样品的性质和需要的预处理，考察样品的来源形式，可以发现，除非样品是适于直接进样的溶液，否则，高效液相色谱分离前均需进行相应的处理。比如，有的样品含有固体颗粒，必须经过过滤才能进样；有的样品含有干扰物质或"损柱剂"，就必须在进样前将其去除；还有的样品本身是固体，需要用溶剂溶解，为了保证最终的样品溶液与流动相的成分尽量相近，一般最好直接用流动相溶解（或稀释）样品。另外，在检测灵敏度允许的情况下，尽量用较小的进样量。

5.1.5.2 贮液器

① 流动相配制完毕后，必须经 0.45μm 的滤膜过滤后才可使用，以保持贮液器的清洁。

② 过滤器使用3～6个月后或出现阻塞现象时要及时更换新的，以保证溶剂的质量，确保仪器正常运行。

③ 用普通溶剂瓶作流动相贮液器时应不定期废弃瓶子（如每月一次），买来的专用贮液器也应定期用酸、水和溶剂清洗（最后一次清洗应选用 HPLC 级的水或有机溶剂）。

5.1.5.3 高压输液泵

① 用高质量试剂和 HPLC 级溶剂。

② 过滤流动相和溶剂。

③ 溶剂使用前必须先经过脱气。

④ 贮液器中的不锈钢过滤头要经常清洗。

⑤ 流动相交换时要防止沉淀（用放空阀）。

⑥ 每次使用之前应放空排除气泡，并使新流动相从放空阀流出 20mL 左右，避免泵内堵塞或有气泡，分析结束后，要反复冲洗进样口，防止样品的交叉污染。

⑦ 如果泵长时间不用，必须用去离子水清洗泵头及单向阀，以防阀球被阀座"粘住"，泵头吸不进流动相，最好由维修人员现场指导。

5.1.5.4 进样器

（1）六通阀进样器 虽然六通阀进样器具有结构简单、使用方便、寿命长、日常无需维修等特点，但正确使用和维护将能增加其使用寿命，保护周边设备，同时增加分析准确度。如使用得当的话，六通阀进样器一般可连续进样3万次无需维修。

① 手柄处于 Load 和 Inject 之间时，由于暂时堵住了流路，流路中压力骤增，再转到进样位，过高的压力在柱头上引起损坏，所以应尽快转动阀，不能停留在中途。

② 在 HPLC 系统中使用的注射器针头有别于气相色谱，是平头注射器。一方面，针头外侧紧贴进样器密封管内侧，密封性能好，不漏液，不引入空气；另一方面，也防止了针头刺坏密封组件及定子。

③ 使用部分装液法进样时，进样量最多为定量环体积的 75%，如 20μL 的定量环最多进样 15μL 的样品，并且要求每次进样体积准确、相同。

④ 使用完全装液法进样时，进样量最少为定量环体积的 3～5 倍，即 20μL 的定量环最少进样 60～100μL 的样品，这样才能完全置换样品定量环内残留的溶液，达到所要求的精密度及重现性。推荐采用 100μL 的平头进样针配合 20μL 满环进样。

⑤ 进样样品要求无微粒和可能阻塞针头及进样阀的物质，样品溶液均要用 0.45μm 的滤膜过滤，防止微粒阻塞进样阀和减少对进样阀的磨损。

⑥ 为防止缓冲盐和其它残留物质留在进样系统中，每次结束后应冲洗进样器，通常用不含盐的稀释剂、水或不含盐的流动相在进样阀的 Load 和 Inject 位置反复冲洗，再用无纤维纸擦净注射器针头的外侧。

（2）自动进样器　样品瓶应清洗干净，无可溶解的污染物，装样容量约为进样瓶体积的 2/3。自动进样器的针头应有钝化斜面，侧面开孔；针头一旦弯曲应该换上新针头，不能弄直了继续使用；吸液时针头应没入样品溶液中，但不能碰到样品瓶底。

（3）色谱柱

① 色谱柱使用前必须参考说明书，应在要求的 pH 值范围和柱温范围下使用。

② 所使用的流动相均应为 HPLC 级或相当于该级别的，在配制过程中所有试剂或溶液均经 0.45μm 薄膜过滤。而且流动相使用前都经过超声仪超声脱气后方可使用。

③ 所使用的水必须是经过蒸馏纯化后再经过 0.45μm 水膜过滤后使用，所有试液均新用新配。并且进样的样品都必须经过 0.45μm 薄膜针筒过滤后进样。

高压泵及色谱柱系统的维护与保养

④ 避免使用高黏度的溶剂作为流动相。

⑤ 每天分析工作结束后，要清洗进样阀中残留的样品。

⑥ 每天分析测定结束后，都要用适当的溶剂来清洗柱；使用缓冲溶液时，盐的浓度不应过高，并且在工作结束后，要及时用水：甲醇 =90 ∶ 10 清洗管路和色谱柱 30min 以上，并用纯甲醇保存。

⑦ 若分析柱长期不使用，应用适当有机溶剂保存并封闭。

（4）检测器

① 保持清洁，每次使用后与色谱柱一起清洗。

② 在仪器进行平衡时，提前 30min 打开检测器；在分析完成后，马上关闭检测器。

③ 使用脱过气的流动相，防止气泡滞留池内。

④ 不定期用强溶剂反向冲洗检测器。

5.2　项目实施

5.2.1　实训方案准备

本教材主要参考 JJG 705—2014《液相色谱仪检定规程》，制订了校准规程，并对相关校准项目展开实施。

（1）校准设备及标准物质

① 秒表：最小分度值不大于 0.1s ；分析天平：最大称量不小于 100g，最小分度值

不大于 1mg；数字温度计：测量范围为 $(0\sim100)℃$，最大允许误差为 $\pm0.3℃$。

② 萘 - 甲醇溶液标准物质：认定值为 $1.00\times10^{-4}g/mL$，扩展不确定度小于 4%，$k=2$。

③ 萘 - 甲醇溶液标准物质：认定值为 $1.00\times10^{-7}g/mL$，扩展不确定度小于 4%，$k=2$。

④ 甲醇中胆固醇溶液标准物质：认定值为 $200\mu g/mL$，扩展不确定度小于 2.0%，$k=2$。

⑤ 甲醇中胆固醇溶液标准物质：认定值为 $5.0\mu g/mL$，扩展不确定度小于 5.0%，$k=2$。

⑥ 胆固醇纯度标准物质：认定值为 99.7%，扩展不确定度小于 0.1%，$k=2$。

此外，还有色谱级甲醇，纯水，分析纯的丙酮和异丙醇，紫外分光光度计溶液标准物质等。注射器：$10\mu L$、$50\mu L$ 和 10mL 各一支。容量瓶：50mL，10 个。

（2）校准环境

① 检定室应清洁无尘，无易燃、易爆和腐蚀性气体，通风良好。

② 室温（$15\sim30$）℃，检定过程中温度变化不超过 3℃（对示差折光检测器，室温变化不超过 2℃），室内相对湿度 20%～85%。

③ 仪器应平稳地放在工作台上，周围无强烈机械振动和电磁干扰源，仪器接地良好。

④ 电源电压为（220±22）V，频率为（50±0.5）Hz。

（3）校准项目

① 通用技术要求

a．外观。仪器上应有仪器名称、型号、制造厂名、产品系列号、出厂日期等内容的标牌，国产仪器应有制造计量器具许可证标志。

b．仪器电路系统。仪器电源线、信号线等插接紧密，各开关、旋钮、按键等功能正常，指示灯灵敏，显示器清晰。

② 输液系统校准

a．泵耐压。将仪器各部分连接好，以 100% 甲醇（或纯水）为流动相，流量为 0.2mL/min，按说明书启动仪器，压力平稳后保持 10min，用滤纸检查各管路接口处是否有湿迹。卸下色谱柱，堵住泵出口端（压力传感器以下），使压力达到最大允许值的 90%，保持 5min 应无泄漏。

HPLC泵流量设定值误差和流量稳定性误差

b．泵流量设定值误差 S_s 和流量稳定性 S_R。按表 5-5 的要求设定流量，启动仪器，压力稳定后，在流动相出口处用事先称重过的洁净容量瓶收集流动相，同时用秒表计时，收集表 5-5 规定时间流出的流动相，在分析天平上称重，按式（5-1）、式（5-2）计算 S_s 和 S_R，按式（5-3）计算流量实测值 F_m。每一设定流量，重复测量 3 次。

$$S_s = \frac{\bar{F}_m - F_s}{F_s}\times100\% \qquad (5\text{-}1)$$

式中　$\bar{F}_m$——同一设定流量 3 次测量值的算术平均值，mL/min；

　　　F_s——流量设定值，mL/min。

$$S_R = \frac{F_{max} - F_{min}}{F_m}\times100\% \qquad (5\text{-}2)$$

式中　F_{max}——同一设定流量 3 次测量值的最大值，mL/min；

　　　F_{min}——同一设定流量 3 次测量值的最小值，mL/min；

　　　F_m——流量实测值，mL/min。

$$F_m = (W_2 - W_1)/(\rho_t \times t) \qquad (5\text{-}3)$$

式中　W_2——容量瓶+流动相的质量，g；

　　　W_1——容量瓶的质量，g；

　　　ρ_t——实验温度下流动相的密度，g/cm³（不同温度下流动相的密度参见 JJG 705—2014）；

　　　t—— 收集流动相的时间，min。

　　c．梯度误差。由梯度控制装置设置阶梯式的梯度洗脱程序（梯度程序可参照表5-9），A 溶剂为纯水，B 溶剂为含 0.1% 丙酮的水溶液。将输液泵和检测器连接（不接色谱柱），开机后以 A 溶剂冲洗系统，基线平稳后开始执行梯度程序，画出 B 溶剂经由 5 段阶梯从 0% 变到 100% 的梯度变化曲线，如图 5-20 所示。求出由 B 溶剂变化所产生的每一段阶梯对应的响应信号值的变化值 L_i。

　　重复测量 2 次，按式（5-4）计算每一段阶梯对应的响应信号值的变化平均值 $\overline{L_i}$；按式（5-5）计算五段阶梯响应信号值的总平均值 $\overline{\overline{L_i}}$；按式（5-6）计算每一段的梯度误差 G_i，取 G_i 最大者作为仪器的梯度误差。

$$\overline{L_i} = \frac{\left[L_{1i} - L_{1(i-1)} \right] + \left[L_{2i} - L_{2(i-1)} \right]}{2} \tag{5-4}$$

式中　$\overline{L_i}$——第 i 段阶梯响应信号值的平均值；

　　　L_{1i}——第 i 段阶梯第 1 组响应信号值；

　　$L_{1(i-1)}$——第（$i-1$）段阶梯第 1 组响应信号值；

　　　L_{2i}——第 i 段阶梯第 2 组响应信号值；

　　$L_{2(i-1)}$——第（$i-1$）段阶梯第 2 组响应信号值。

$$\overline{\overline{L_i}} = \frac{\sum_{i=1}^{n} \overline{L_i}}{n} \tag{5-5}$$

式中　$\overline{\overline{L_i}}$——5 段阶梯响应信号值的总平均值；

　　　n——梯度的阶梯数，$n=5$。

$$G_i = \frac{\overline{L_i} - \overline{\overline{L_i}}}{\overline{\overline{L_i}}} \times 100\% \tag{5-6}$$

式中　G_i——第 i 段阶梯的梯度误差。

　　注：当 i 为 1（$i-1=0$）时，第（$i-1$）阶梯响应信号值为 B 溶剂为 0% 时的响应信号值。

表5-9　梯度程序设置

序号	A 溶剂（纯水）	B 溶剂（0.1% 丙酮水溶液）
1	100%	0%
2	80%	20%
3	60%	40%
4	40%	60%
5	20%	80%
6	0%	100%
7	100%	0%

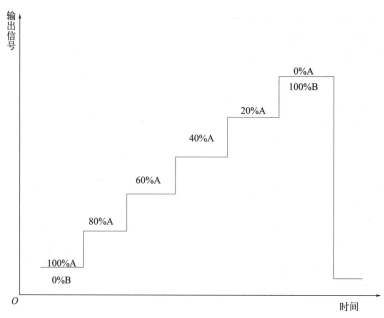

图5-20　梯度误差检定示意图

③ 柱温箱校准。将数字温度计探头固定在柱温箱内与色谱柱相同的部位，选择 35℃和45℃（也可根据用户使用温度设定）进行检定。按仪器说明书操作，通电升温，待温度稳定后，记下温度计读数并开始计时，以后每隔10min记录1次，共计7次，求出平均值。平均值与设定值之差为柱温箱温度设定值误差 ΔT_s，7次读数中最大值与最小值之差为柱温箱温度稳定性 T_c。

④ 紫外 - 可见光检测器和二极管阵列检测器的性能校准

a. 波长示值误差和重复性。将检测器和数据处理系统连接好，通电预热稳定后，用注射器将纯水注入检测池内进行冲洗后，充满检测池。待检测器示值稳定后，在（235±5）nm、（257±5）nm、（313±5）nm 和（350±5）nm 的波长下将示值回零，然后再用注射器将紫外分光光度计溶液标准物质（参考波长为235nm，257nm，313nm 和350nm）从检测器入口注入样品池中冲洗，并将样品池充满至示值稳定。将检测器波长调到低于参考波长5nm处（例如检定257nm时，检测器波长先调到252nm），改变检测器波长，每5~10s改变1nm，记录每个波长下的吸收值（吸收值变化的示意图见图5-21），最大或最小吸收值对应的波长与参考波长之差为波长示值误差。每个波长重复测量3次，其中最大值与最小值之差为波长重复性。

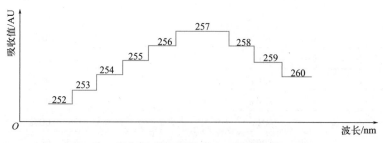

图5-21　波长示值误差检定中吸收值变化示意图

有吸光值显示的检测器，改变波长时可直接读出吸光值，其最大（或最小）吸光值对应的波长与参考波长之差为波长示值误差。有波长扫描功能的仪器可画出标准溶液的光谱曲线，其波峰（或波谷）对应的波长与参考波长之差为波长示值误差。对于有内置标准滤光片可进行自检的仪器可直接采用其测量数据。

对改变波长有自动回零功能的紫外 - 可见光检测器，可采用连续进样的方法检定波长示值误差，具体做法是：用一节空管代替色谱柱将液路连通，以水做流动相，流量为 0.5～1.0mL/min，采用步进进样方法，例如检定 257nm 时，从 252nm 开始到 262nm，每 2min 改变 1nm，用注射器注入相同体积的紫外分光光度计溶液标准物质，得到一组不同波长的色谱峰，最高（或最低）色谱峰对应的波长与参考波长之差，即为波长示值误差。

b．基线噪声和基线漂移。选用 C18 色谱柱，以 100% 甲醇为流动相，流量为 1.0mL/min，紫外 - 可见光检测器的波长设定为 254nm，检测灵敏度调到最灵敏挡。开机预热，待仪器稳定后记录基线 30min，选取基线中噪声最大峰 - 峰高对应的信号值，按式（5-7）计算基线噪声，用检测器自身的物理量（AU）作单位表示。基线漂移用 30min 内基线偏离起始点最大信号值（AU/30min）表示。

$$N_d = KB \tag{5-7}$$

式中　N_d——检测器基线噪声；

　　　K——衰减倍数；

　　　B——测得基线峰 - 峰高对应的信号值，AU。

c．最小检测浓度。选用 C18 色谱柱，以 100% 甲醇为流动相，流量为 1.0mL/min，紫外 - 可见光检测器的波长设定为 254nm，检测灵敏度调到最灵敏挡，由进样系统注入 10～20μL 的 $1.00×10^{-7}$g/mL 萘 - 甲醇溶液，记录色谱图，由色谱峰高和基线噪声峰高，按式（5-8）计算最小检测浓度 c_L（按 20μL 进样量计算）

$$c_L = \frac{2N_d cV}{20H} \tag{5-8}$$

式中　c_L——最小检测浓度，g/mL；

　　　N_d——基线噪声峰高；

　　　c——标准溶液浓度，g/mL；

　　　V——进样体积，μL；

　　　H——标准物质的峰高；

　　　20——标准的进样体积，μL。

注：N_d 和 H 的单位应保证一致。

d．线性范围。将检测器和数据处理系统连接好，检测器波长设定为 254nm，通电稳定后，用注射器直接向检测池中注入 2% 丙醇 - 水溶液冲洗检测池至示值稳定后，记下此值。然后，依照上法向检测池中依次分别注入丙酮 -2% 异丙醇系列水溶液（丙酮含量为 0.1%，0.2%，…，1.0%），并记下各溶液对应的稳定响应信号值，每个溶液重复测量 3 次，取算术平均值。以 5 个丙酮溶液浓度（0.1%，0.2%，0.3%，0.4%，0.5%）和对应的响应信号值做标准曲线，在曲线上找出丙酮溶液浓度大于 0.5% 各点的读数，与相应各浓度点的测量值做比较，测量值相差 5% 时的浓度作为检测上限 c_H。最小检测浓度 c_L 值可按上述步骤 c 得到，即为检测下限，c_H/c_L 为线性范围。

⑤ 整机性能（定性、定量重复性）。将仪器各部分连接好，选用 C18 色谱柱，用 100% 甲醇为流动相，流量为 1.0mL/min，根据仪器配置的检测器，选择测量参数：紫外 - 可见光检测器和二极管阵列检测器波长设定为 254nm，灵敏度选择适中，基线稳定后由进样系统注入一定体积的 $1.0×10^{-4}$g/mL 萘 - 甲醇溶液标准物质；其他检测器的操作方法参见检定规程。连续测量 6 次，记录色谱峰的保留时间和峰面积，按式（5-9）计算相对标准偏差 RSD_6。

$$RSD_{6定性（定量）} = \sqrt{\frac{\sum_{i=1}^{n}\left(X_i - \bar{X}\right)^2}{n-1}} \times \frac{1}{\bar{X}} \times 100\% \qquad (5-9)$$

式中　$RSD_{6定性（定量）}$——定性（定量）测量重复性相对标准偏差；

X_i——第 i 次测量的保留时间或峰面积；

$\bar{X}$——6 次测量结果的算术平均值；

i——测量序号；

n——测量次数。

（4）性能要求　关于液相色谱仪的性能评价，JJG 705—2014《液相色谱仪检定规程》对其作出了明确的要求，具体指标要求参见本教材 5.1.4 章节内容。

 笔记

5.2.2 高效液相色谱仪的校准

校准步骤	校准记录
1. 试剂与仪器准备	校准仪器检测器类型： 标准溶液： 名称：_____ 有效期：_____ 厂家及批号：_____ 浓度：_____ 色谱柱型号及规格：
2. 检查仪器 应无影响其正常工作的损伤，各开关、旋钮或按键应能正常操作和控制，指示灯显示清晰正确。仪器上应标明制造单位名称、型号、编号和制造日期，国产仪器应有制造计量器具许可证标志及编号	外观正常无损：□是　　　　□否 制造单位：_____ 型号：_____

3. 泵耐压
按照检定规程，运行仪器，使压力达到最大允许值的90%，保持 5min 应无泄漏

泵流量设定值 F_s/（mL/min）	收集时间 t/min			水密度 ρ/(g/mL)	
F_m	第 1 次	第 2 次	第 3 次	$\bar{F}_m$	
F_{max}/（mL/min）			F_{min}/（mL/min）		
S_s			S_R		
S_s 标准要求			S_R 标准要求		

4. 泵流量设定值误差 S_s 和流量稳定性 S_R
按照表 5-5 的要求设定流量，运行仪器，并收集规定时间流出的流动相，在分析天平上称重，按式（5-1）、式（5-2）计算 S_s 和 S_R，按式（5-3）计算流量实测值 F_m。每一设定流量，重复测量 3 次

5. 梯度误差
由梯度控制仪器设置阶梯式的梯度洗脱程序（见表 5-9），A 溶剂为纯水，B 溶剂为含 0.1% 丙酮的水溶液。将输液泵和检测器连接，开机后以 A 溶剂冲洗系统，基线平稳后开始执行梯度程序

A 溶液：_____；B 溶液：_____

项目	0%	20%	40%	60%	80%	100%
L_i						
$L_{1i}-L_{1(i-1)}$	—					
L_{2i}						
$L_{2i}-L_{2(i-1)}$	—					
$\overline{L}_i$	—					
$\overline{\overline{L}}_i$						
$\overline{L}_i - \overline{\overline{L}}_i$	—					
G_i	—					

续表

校准步骤	校准记录							

6. 柱温箱温度设定值误差 ΔT_s 和柱温箱温度稳定性 T_c
设置柱温为 35℃ 和 45℃，通电升温，待温度稳定后，记下温度计读数并开始计时，以后每隔 10min 记录 1 次，共计 7 次，求出平均值。平均值与设定值之差为柱温箱温度设定值误差 ΔT_s，7 次读数中最大值与最小值之差为柱温箱温度稳定性 T_c

项目	第1次	第2次	第3次	第4次	第5次	第6次	第7次
温度 /℃							
平均值 /℃							
温度设定值误差 ΔT_s			温度稳定性 T_c				
ΔT_s 标准要求			T_c 标准要求				
结论							

7. 基线噪声和基线漂移（紫外 - 可见光检测器）
按照检定规程进行设置，记录基线 30min，选取基线中噪声最大峰 - 峰高对应的信号值为仪器的基线噪声。
选取基线偏离起始点最大的相应信号值为仪器的基线漂移
$N_d=KB$

流动相	
色谱柱型号	柱温 /℃
检测波长	流量 /（mL/min）
衰减倍数 B	基线峰 - 峰高对应的信号值
基线噪声	
基线漂移	

8. 最小检测浓度
在一定的色谱条件下，由进样系统注入 $10 \sim 20\mu L$ 的 $1.00 \times 10^{-7}g/mL$ 萘 - 甲醇溶液，记录色谱图，由色谱峰高和基线噪声峰高，计算最小检测浓度 c_L

流动相	
色谱柱型号	柱温 /℃
检测器类型及波长	流量 /（mL/min）
$c/$（g/mL）	进样体积 $V/\mu L$
基线噪声峰高 N_d	标准物质峰高 H
最小检测浓度 $$c_L = \frac{2N_d cV}{20H}$$	

9. 定性（定量）测量重复性
在检定规程中指定的色谱条件下，连续测量 6 次，记录色谱峰的保留时间和峰面积，按式（8-9）计算相对标准偏差 RSD_6。

$$RSD_{6定性（定量）} = \sqrt{\frac{\sum_{i=1}^{n}\left(X_i - \bar{X}\right)^2}{n-1}} \times \frac{1}{\bar{X}} \times 100\%$$

流动相							
色谱柱型号				柱温 /℃			
检测器类型及波长				流量 /（mL/min）			
标准物质浓度							

项目	1	2	3	4	5	6	RSD_6
保留时间 /min							
峰面积 /（mA·s）							
RSD_6 定性重复性标准			结论	□满足		□不满足	
RSD_6 定量重复性标准			结论	□满足		□不满足	

5.2.3　高效液相色谱仪的故障排查

作为色谱工作者或者实验技术人员，不仅要具有熟练的操作技能，避免因操作不当引起仪器故障，而且，应掌握仪器系统的保养知识，并能够在仪器出现故障时，查明原因，排除故障，使仪器系统正常运行。下面以 HPLC 系统中输液系统、进样阀、色谱柱和色谱图中出现的异常问题为例，进行分析并提出解决方法。

（1）高压输液泵　高压输液泵是高效液相色谱仪的重要组成部件，也是液相色谱系统最容易出现故障的部件。表 5-10 列出了高压输液泵的常见故障及对应处理方法。

表5-10　高压输液泵常见故障及处理方法

故障现象	故障原因	排除方法
输液不稳，压力波动较大	泵头内有气泡	通过放空阀排出气泡或用注射器通过放空阀抽出气泡
	原溶液仍留在泵腔内	加大流速并通过放空阀彻底更换旧溶剂
	气泡存于溶液过滤头的管路中	振动过滤头以排除气泡；若过滤头有污物，用超声波清洗；若超声波清洗无效，更换过滤头；流动相脱气
	单向阀不正常	清洗或更换单向阀
	柱塞杆或密封圈漏液	更换柱塞杆密封圈；更换损坏部件
	管路漏液	上紧漏液处螺丝；更换失效部分
	管路阻塞	清洗或更换管路
泵运行，但无溶剂输出	泵腔内有气泡	通过放空阀冲出气泡；用注射器通过放空阀抽气泡
	气泡从输液入口进入泵头	上紧泵头入口压帽
	泵头中有空气	在泵头中灌注流动相，打开放空阀并在最大流量下开泵，直到没有气泡出现
	单向阀方向颠倒	按正确方向安装单向阀
	单向阀阀球阀座粘连或损坏	清洗或更换单向阀
	溶剂贮液瓶已空	灌满贮液瓶
压力不上升	放空阀未关紧	旋紧放空阀
	管路漏液	上紧漏液处；更换失效部分
	密封圈处漏液	清洗或更换密封圈
压力上升过高	管路阻塞	找出阻塞部分并处理
	管路内径太小	换上合适内径管路
	在线过滤器阻塞	清洗或更换在线过滤器的不锈钢筛板
	色谱柱阻塞	更换色谱柱
运行中停泵	压力超过高压限定	重新设定最高限压，或更换色谱柱，或更换合适内径管路
泵没有压力	两泵头均有气泡	打开放空阀，让泵在高流速下运行，排除气泡
	进样阀泄漏	检查排除
	泵连接管路泄漏	用扳手上紧接头或换上新的密封刃环
柱压太高	柱头被杂质堵塞	拆开柱头，清洗柱头过滤片，如杂质颗粒已进入柱床堆积，应小心翼翼挖去沉积物和已被污染的填料，然后用相同的填料填平，切勿使柱头留下空隙；另一方法是在柱前加过滤器
	柱前过滤器堵塞	清洗柱前过滤器，清洗后如压力还高可更换上新的滤片，对溶剂和样品溶液过滤
	在线过滤器堵塞	清洗或更换在线过滤器

续表

故障现象	故障原因	排除方法
泵不吸液	泵头内有气泡聚集	排除气泡
	入口单向阀堵塞	检查，更换
	出口单向阀堵塞	检查，更换
	单向阀方向颠倒	按正确方向安装单向阀
开泵后有柱压，但没有流动相从检测器中流出	系统中严重漏液	修理进样阀或泵与检测器之间的管路和紧固件
	流路堵塞	清除进样器口，进样阀或柱与检测器之间的连接毛细管或检测池的微粒
	柱入口端被微粒堵塞	清洗或更换柱入口过滤片；需要的话另换一根柱子；过滤所有样品和溶剂

（2）检测器　检测器也是液相色谱系统容易出现故障的部件。表 5-11 列出了检测器的常见故障及对应处理方法，为液相色谱仪检测器的故障解决提供参考。

表5-11　检测器常见故障及其处理方法

故障现象	故障原因	排除方法
基线噪声	检测池窗口污染	用 1mol/L 的 HNO_3、水和新溶剂冲洗检测池；卸下检测池，拆开清洗或更换池窗石英片
	样品池中有气泡	突然加大流量赶出气泡；在检测池出口端加背压（$0.2 \sim 0.3$MPa）或连一 0.3mm×（$1 \sim 2$）m 的不锈钢管，以增大池内压
	检测器或数据采集系统接地不良	拆去原来的接地线，重新连接
	检测器光源故障	检查氘灯或钨灯设定状态；检查灯使用时间、灯能量、开启次数；更换氘灯或钨灯
	液体泄漏	拧紧或更换连接件
	很小的气泡通过检测池	流动相仔细脱气；加大检测池背压；系统测漏
	有微粒通过检测池	清洗检测池；检查色谱柱出口筛板
基线漂移	检测池窗口污染	用 1mol/L 的 HNO_3、水和新溶剂冲洗检测池；卸下检测池，拆开清洗或更换池窗石英片
	色谱柱污染或固定相流失	再生或更换色谱柱；使用保护柱
	检测器温度变化	系统恒温
	检测器光源故障	更换氘灯或钨灯
	原先流动相没有完全除去	用新流动相彻底冲洗系统置换溶剂，或采用兼容溶剂置换
	溶剂贮存瓶污染	清洗贮存瓶，用新流动相平衡系统
	强吸附组分从色谱柱洗脱	在下一次分离之前用强洗脱能力的溶剂冲洗色谱柱；使用溶剂梯度洗脱
负峰	检测器输出信号的极性不对	颠倒检测器输出信号接线
	进样故障	使用进样阀，确认进样期间样品环中没有气泡
	使用的流动相不纯	使用色谱纯的流动相或对溶剂进行提纯
基线随着泵的往复出现噪声	仪器处于强空气中或流动相脉动	改变仪器放置，放在合适的环境中；用一调节阀或阻尼器以减少泵的脉动
随着泵的往复出现尖刺	检测池中有气泡	卸下检测池的入口管与色谱柱的接头，用注射器将甲醇从出口管端推进，以除去气泡

（3）色谱峰峰形异常　在进行分析测定时，由于操作不当或其它一些原因往往导致色谱峰峰形异常。图 5-22 列出了一些出现典型异常色谱峰的主要原因和解决方法。

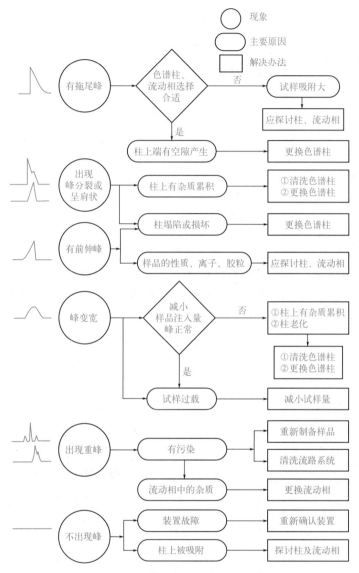

图5-22　峰形出现异常时的对策

（4）色谱柱　色谱柱使用一段时间或使用不当后，柱效下降，也会影响样品的分离。表 5-12 列出了部分由色谱柱引起的故障及解决方法。

表5-12　由色谱柱引起的故障及解决方法

故障现象	故障原因	排除方法
压力增高，柱效下降，峰形差	过滤片阻塞	倒柱冲洗或换过滤片
峰分叉，柱效下降	柱头塌陷	修补柱头，可恢复80%以上
保留改变，峰形差，柱效下降	键合相流失	换柱
高压	样品阻塞	用能溶解样品的溶剂冲洗柱
柱效下降，保留减小	强吸附的样品	强溶剂反冲

（5）梯度洗脱　梯度洗脱程序设置不合理，也会导致色谱分离不理想。表 5-13 列出了部分由梯度洗脱引起的分离问题及解决方法。

表5-13　梯度洗脱引起的分离问题和解决方法

故障现象	故障原因	排除方法
色谱图前面的峰挤成一团，且分离度较差	开始流动相太强	在开始的梯度中减少有机相 B 的比例（%）
色谱图中间峰分离度差	条件欠佳	改变梯度时间、流速、柱长等参数
色谱图前面的峰保留不重复	柱平衡差	增加两次梯度之间的再生时间；待系统完全平衡，间隔一定时间进样
基线漂移	溶剂 A 和 B 有不同的紫外吸收值	加非保留的紫外吸收剂以抵消溶剂吸收的波动；用不同波长检测；用不同检测器
空白有干扰	溶剂或流动相不纯	用 HPLC 级试剂；纯化流动相的组分
部分色谱峰分离突然变差	溶剂分层	用键合相柱代替多孔硅胶柱

（6）样品预处理　样品预处理时所选方法不合适或处理不当，既可能影响色谱分离过程，也可能降低测定准确度与精密度。表 5-14 列出了部分由于样品预处理引起的问题和解决方法。

表5-14　样品预处理引起的问题和解决方法

故障现象	故障原因	排除方法
色谱图中出现无关的峰	样品过滤器带来污染	过滤器浸泡在样品溶剂中并进样试验 改变过滤器类型 采用交替清洗技术
一些或全部化合物的峰比预期的小，尤其是低浓度的样品	样品过滤器表面吸附	改变过滤器类型 严格按相同条件处理所有样品 采用交替清洗技术
回收率太低或差	萃取不完全	增加萃取时间，使用热溶剂 修改清洗方法
色谱峰变宽，柱寿命缩短	样品带来的干扰与污染	改进清洗方法
精度差	回收不完全	改进或替换衍生化、分离、萃取或其他条件 用自动化预处理装置提高精度

拓展学习资料5　高效液相色谱仪使用中常见问题及解决

160

5.3 思政微课堂

药安卫士-生命守护

液相色谱法是制药行业较为常见的分析方法。在很多药物的纯化及成分的定性、定量分析，中药有效成分的分离制备，临床医学研究中人体血液和体液中药物浓度、药物代谢物的测定领域，液相色谱法都发挥了巨大的作用。

（1）液相色谱检测药物含量及有关物质 在检测各种药物原料中的组分和杂质时，采用液相色谱法能够获得较为准确、可靠的检测结果。在药品的生产、储藏、转运以及使用过程中产生的有关物质，会对药品的使用安全和质量产生影响，例如在药品生产过程中引入了异构体、中间体以及副产物；药品在转运过程中也会衍生聚合物以及降解物等。所以，对于药品中含量超标的对人体有毒有害的有关物质一定要进行控制。但是有关物质含量较低，通常用的检测方法灵敏度较低不易检出，而应用液相色谱法既可以检测出含量较低的有关物质（检出限可达到 0.05μg/mL），还能够最大限度提升有关物质检测灵敏度和准确性。

（2）液相色谱法鉴别药品 各种药品的药效各不相同，为确保药物的正确使用，药品鉴定尤为重要。可以通过液相色谱法对药品进行鉴定，根据样品的保留时间、成分的结构和特性等对药物进行定性。

（3）中药质量检测 中成药的组分繁多，较为复杂，常规方法检测难度较大，无法获得准确结果，采用液相色谱法能够准确检测和分离中成药中的各种有效组分，是测定中成药成分的有效方法之一。该方法使得中药的有效成分得以准确控制，加快了中药检测技术的现代化进程。

医药行业是关系国计民生、社会稳定和经济发展的新兴战略性产业，被称为"永不衰落的朝阳产业"。中国拥有全球第二大医药市场。药品监管直接关系到产业安全、经济安全、国家安全，关系到产品质量、市场供给和民生保障。药品与每个家庭的生活密切相关，药品安全是人命关天的大事。保障药品安全有效，及时用上新药、好药、便宜药，是群众最关心、最直接、最现实的民生问题。为此，我们要坚持以人民为中心的发展思想，坚守质量安全底线，推动供给质量提升，更好满足人民日益增长的美好生活需要，特别是人民日益增长的健康需要，切实提升人民的获得感和满意度。

📋 笔记

5.4 项目评价

5.4.1 报告及实训结果

_____液相色谱仪校准报告

仪器型号		
测试项目	JJG 705—2014 要求	结论
泵流量设定值误差 S_s		□满足　□不满足
流量稳定性 S_R		□满足　□不满足
梯度误差 G_i		□满足　□不满足
柱温箱温度设定值误差 ΔT_s		□满足　□不满足
柱温箱温度稳定性 T_c		□满足　□不满足
基线噪声		□满足　□不满足
基线漂移		□满足　□不满足
最小检测浓度 （_____检测器）		□满足　□不满足
定性重复性		□满足　□不满足
定量重复性		□满足　□不满足
校准人 / 日期：		

自我分析与总结：

已掌握内容

存在问题分析

总结

5.4.2 项目评分表

项目	考核要求与分值	评价主体			得分
		教师 70%	学生		
			自评 10%	互评 20%	
学习态度（30分）	课前资料收集整理、完成课前活动（5分）	是□ 部分达成□ 否□	是□ 部分达成□ 否□	是□ 部分达成□ 否□	
	课中遵守纪律（不迟到、不早退、不大声喧哗等）（10分）	是□ 部分达成□ 否□	是□ 部分达成□ 否□	是□ 部分达成□ 否□	
	课中主动参与实践理论学习（10分）	是□ 部分达成□ 否□	是□ 部分达成□ 否□	是□ 部分达成□ 否□	
	课后认真完成作业（5分）	是□ 部分达成□ 否□	是□ 部分达成□ 否□	是□ 部分达成□ 否□	
知识点（20分）	高效液相色谱仪的技术指标（噪声、漂移、检出限、定性定量重复性）（5分）	是□ 部分达成□ 否□	是□ 部分达成□ 否□	是□ 部分达成□ 否□	
	高效液相色谱仪的基本构造（5分）	是□ 部分达成□ 否□	是□ 部分达成□ 否□	是□ 部分达成□ 否□	
	高效液相色谱仪的性能检定内容（5分）	是□ 部分达成□ 否□	是□ 部分达成□ 否□	是□ 部分达成□ 否□	
	高效液相色谱仪的维护保养常识（5分）	是□ 部分达成□ 否□	是□ 部分达成□ 否□	是□ 部分达成□ 否□	

续表

项目	考核要求与分值	评价主体			得分
		教师 70%	学生		
			自评 10%	互评 20%	
技能 （25分）	高效液相色谱仪性能检定——流量稳定性及柱温稳定性（5分）	是□ 部分达成□ 否□	是□ 部分达成□ 否□	是□ 部分达成□ 否□	
	高效液相色谱仪性能检定——噪声及漂移（5分）	是□ 部分达成□ 否□	是□ 部分达成□ 否□	是□ 部分达成□ 否□	
	高效液相色谱仪性能检定——检出限（5分）	是□ 部分达成□ 否□	是□ 部分达成□ 否□	是□ 部分达成□ 否□	
	高效液相色谱仪性能检定——定性定量重复性（5分）	是□ 部分达成□ 否□	是□ 部分达成□ 否□	是□ 部分达成□ 否□	
	高效液相色谱仪的维护保养（5分）	是□ 部分达成□ 否□	是□ 部分达成□ 否□	是□ 部分达成□ 否□	
素质养成 （15分）	积极参与小组活动（5分）	是□ 欠缺□ 否□	是□ 欠缺□ 否□	是□ 欠缺□ 否□	
	具有务实、细致、严谨的工作作风（5分）	是□ 欠缺□ 否□	是□ 欠缺□ 否□	是□ 欠缺□ 否□	
	实验中 HSE 执行情况（5分）	很好□ 一般□ 不足□	很好□ 一般□ 不足□	很好□ 一般□ 不足□	
个人小结 （10分）	在项目完成过程中及结束后的感悟（10分）	深刻□ 一般□ 差□	深刻□ 一般□ 差□	深刻□ 一般□ 差□	

注：评价标准中"是"指完全达成、完全掌握或具有；"否"指没有达成、没有掌握或不具有；"部分达成"是根据学生实际情况，酌情给分。

5.5　总结创新

5.5.1　项目巩固

（1）结合检定规程与实训室仪器实际，假设对使用中的仪器检查，需要实施哪些检定项目？有哪些技术关键点？设计检定方案。

_____
_____
_____
_____
_____
_____
_____
_____

（2）出现柱压高于正常值应如何展开排查？请提供排查及解决思路。

_____
_____
_____
_____
_____
_____
_____
_____

（3）出现保留时间不重复应如何展开排查？请提供排查及解决思路。

_____
_____
_____
_____
_____
_____

（4）液相色谱柱使用注意事项？

_____
_____
_____
_____
_____
_____

5.5.2　拓展知识

5.5.2.1　高效液相色谱仪的选型

　　高效液相色谱仪的选型，需综合分析和评判仪器的各类性能指标。高效液相色谱仪的性能指标，受到输液泵、检测器和色谱柱等仪器核心组成部分相关技术参数的影响。根据国家标准及检定规程中相关要求，高效液相色谱仪的主要性能指标包括噪声、漂移、最小检测浓度和定性定量重复性等等。

　　但是，这类指标应放在仪器的整体分析系统里进行比较，应将各单元装置连接好，如接好色谱柱、进样阀，通上流动相等。这是由于液相色谱分析中需要连接好整体系统，考察整体运行状态，而不是针对单个检测器或输液泵，评价技术参数。为此，从技术角度，分析以下几点重要的液相色谱仪技术指标。

　　（1）噪声　指由仪器的电器元件、温度波动、电压的线性脉冲以及其他非溶质作用产生的高频噪声和基线的无规则波动。噪声的大小直接关系到仪器的检测灵敏度，噪声越大，检测的灵敏度就越低。对于检测低含量的样品，要求仪器的噪声越小越好，否则噪声过大将会导致基线不稳，甚至影响分析结果。

　　（2）最小检测浓度（最小检出限）　这是反映仪器灵敏度的重要参数。由 $c_L=2×N_d×cV/20H$ 可见，最小检测浓度和噪声成正比，噪声越大，最小检测浓度就越大，灵敏度就越低。

　　（3）漂移　指仪器稳定后一段时间内基线漂离原点的距离，通常用来衡量仪器快速稳定所需要的时间。高品质仪器在较短时间内可达到系统稳定，漂移距离较短，在一定程度上提高了分析效率。

　　（4）定性定量重复性　这是表征仪器稳定性的重要指标，考察多次进样下的样品保留时间及含量测定结果的一致性。该指标不仅与检测器性能有关，也与系统整体相关。例如：泵的脉动会直接影响噪声指标，泵的流量准确度、精确度指标以及密封性情况也会影响相关指标。

　　（5）操作便捷程度　操作方便性对于实验室分析员至关重要。操作越简单，越有利于提高分析效率，也为分析方法的拓展提供有力的帮助。

　　（6）系统整体性　这是指仪器整体开发的系统。单一地追求某一部件的高性能，其实是仪器选购的一个误区。液相色谱仪是个复杂的系统。如果不是整体开发，各项技术指标之间、软件和硬件、硬件和硬件等没有衔接和匹配，整体分析效能也不会高。整体开发的主要优点体现在各项技术指标统一、仪器各单元的通信协调、能够建立一个整体的数字化评价系统等。

5.5.2.2　高效液相色谱仪的发展趋势

　　高效液相色谱分析在 20 世纪 70 年代获得迅猛的发展，是一种常规的分离技术，在化学、食品、生命科学、医药及环境等领域，都有着广泛的应用。

　　从色谱发展史来看，虽然液固色谱是最先创立的色谱方法，然而与气相色谱仪相比，高效液相色谱仪的进展还是相对滞后了。发展通用、灵敏、专一的检测器仍是今后研究探索的重要方向。

在当前中国高效液相色谱仪市场上，主流厂商进口的主要有沃特世、安捷伦、岛津、赛默飞和日立等品牌。国产品牌主要有北京普析、上海伍丰、上海天美、大连依利特等品牌。国产高效液相色谱仪在中低端产品线拥有一定的市场占有率。虽然，国内生产商的仪器设计及生产工艺和制造水平都有显著的进步，但是核心技术的创新仍需进一步提升。

随着科技的不断发展，高效液相色谱仪的发展与应用前景也是积极乐观的。科学家不断创新，解决难点和困难，使得液相色谱分析方法更加成熟和可靠，也确保高效液相色谱仪产品性能更加可靠。一些先进的检测器也成功应用在高效液相色谱仪中，使得应用范围更加广泛。通过与质谱联用、梯度洗脱、柱切换技术以及与分子生物学技术相结合，融合高效液相色谱仪的高效快速、选择性好、灵敏度高等优点，在分析检测中发挥了巨大的作用。

高效液相色谱仪的发展总体上已经进入一个相对成熟的阶段，很多技术在不断创新。对我国企业来说，对高效液相色谱仪知识产权的保护、产品技术的升级和规模化生产工艺技术的发展方面，企业重视度逐渐在提高。另外，当前为提高竞争实力，我国高效液相色谱行业内正在推进优化整合计划。我们相信，伴随着国家整体实力的上升，我国高效液相色谱仪的品种、质量和市场竞争力也会有显著提升。

参考文献

[1] 国家市场监督管理总局. 中华人民共和国国家计量检定规程JJG 119—2018实验室pH（酸度）计检定规程[Z]. 北京：中国质检出版社, 2019.

[2] 国家质量监督检验检疫总局. 中华人民共和国国家计量检定规程JJG 178—2007紫外、可见、近红外分光光度计检定规程[Z]. 北京：中国质检出版社，2008.

[3] 国家质量监督检验检疫总局. 中华人民共和国国家计量检定规程JJG 694—2009原子吸收分光光度计检定规程[Z].北京：中国计量出版社，2010.

[4] 国家质量监督检验检疫总局. 中华人民共和国国家计量检定规程JJG 700—2016气相色谱仪检定规程[Z]. 北京：中国质检出版社，2016.

[5] 国家质量监督检验检疫总局. 中华人民共和国国家计量检定规程JJG 705—2014液相色谱仪检定规程[Z]. 北京：中国计量出版社，2014.

[6] 李梦龙，蒲雪梅.分析化学数据速查手册[M]. 北京：化学工业出版社，2009.

[7] 陈宏.分析仪器使用与维护[M]. 北京：高等教育出版社，2014.

[8] 黄一石，吴朝华. 仪器分析[M]. 北京：化学工业出版社，2020.

[9] 魏培海，曹国庆. 仪器分析[M]. 北京：高等教育出版社，2014.

[10] 魏福祥. 现代仪器分析技术及应用[M]. 北京：中国石化出版社，2015.

[11] 郭天太. 计量学基础[M]. 北京：机械工业出版社，2022.